PAPILLONS DES DEUX-SÈVRES

DESCRIPTION

DES RHOPALOCÈRES

OU

PAPILLONS DIURNES

SUIVIE DE CELLE

DES SPHINGIDES

PAR P.-N. MAILLARD.

MELLE

E. LACUVE, IMPRIMEUR-ÉDITEUR

1878

PAPILLONS DES DEUX-SÈVRES

1145.

PAPILLONS DES DEUX-SÈVRES

DESCRIPTION

DES RHOPALOCÈRES

OU

PAPILLONS DIURNES

SUIVIE DE CELLE

DES SPHINGIDES

PAR P.-N. MAILLARD.

MELLE

E. LACUVE, IMPRIMEUR-ÉDITEUR.

1878

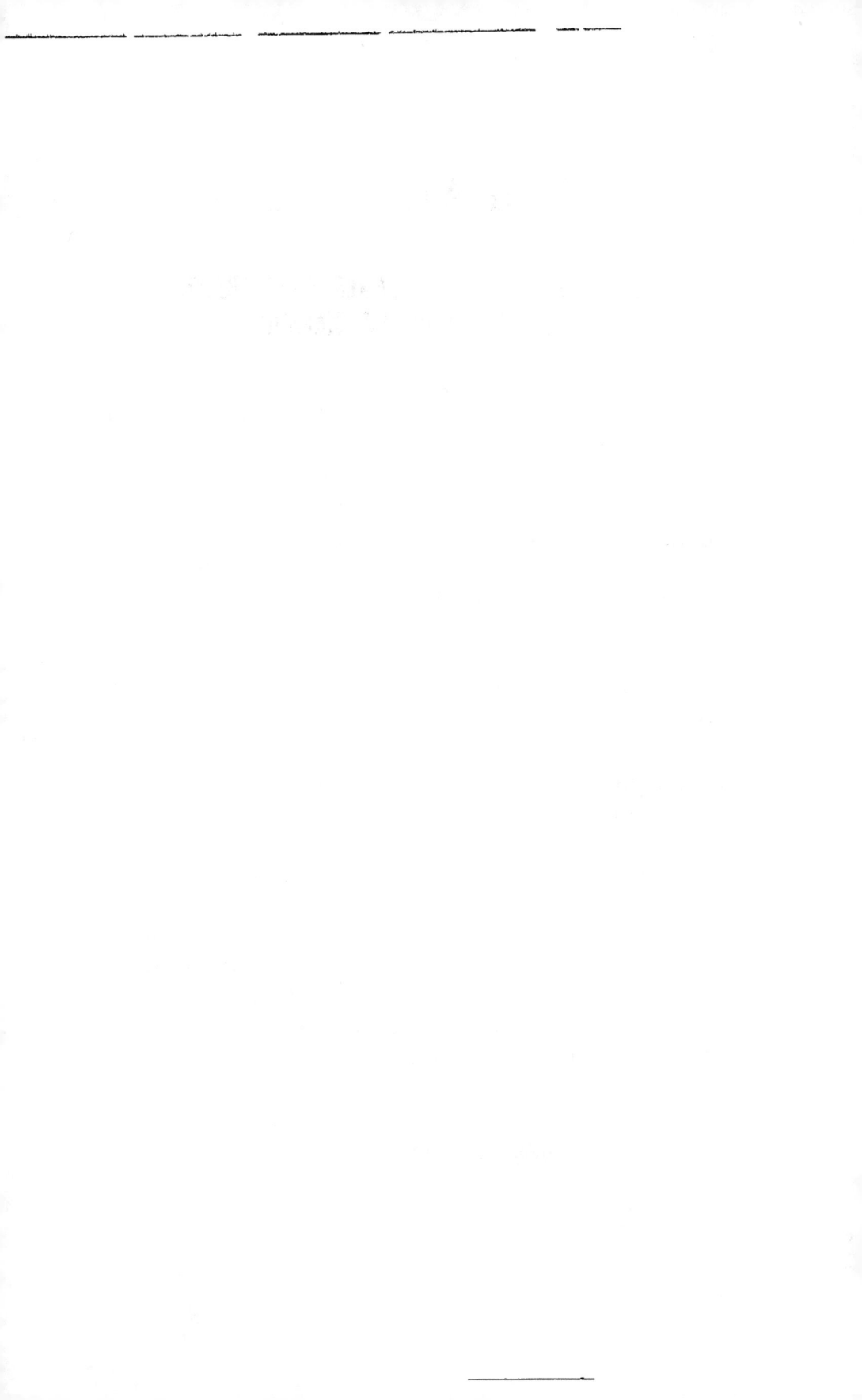

RHOPALOCÈRES

PAPILLONS DONT LES ANTENNES SONT TERMINÉES EN BOUTON OU EN MASSUE.

Les Papillons appartiennent, dans le règne animal, à l'embranchement des *annelés* et à la classe des *insectes*.

Les insectes se distinguent aux caractères suivants : point de squelette intérieur (ce qui les sépare des vertébrés), mais en général un squelette extérieur composé d'anneaux mobiles ; corps pourvu d'une *tête*, d'un *thorax* ou *corselet* muni de trois paires de pattes articulées, et d'un *abdomen* distinct ; respiration s'effectuant par des *stigmates* ou *trachées*, ouvertures situées sur les côtés du corps.

Parmi les insectes, les Papillons se font surtout remarquer par la légéreté de leurs allures, par la beauté des dessins et la vivacité des couleurs de leurs ailes. Cet aspect est dû à une multitude d'écailles colorées, très-fugaces, de diverses formes, ténues comme la plus fine poussière, implantées par un pédicelle sur la membrane de l'aile. — C'est de là que leur vient leur nom de LÉPIDOPTÈRES (1), qui signifie ailes couvertes d'écailles. Les anciens auteurs les nommaient : insectes à ailes farineuses. Ce caractère les distingue de tous les autres.

(1) En grec : *Lepis,* écaille, et *Pteron*, aile

Sans entrer dans les détails intimes de la structure de ces charmantes créatures, nous devons cependant en décrire les parties extérieures, visibles à l'œil nu ou à l'aide d'une loupe, pour former un vocabulaire qui nous servira à établir une classification, ainsi qu'à déterminer et à décrire les espèces.

La Tête.

La tête porte les *organes de la vision*, les *antennes*, les *palpes* et la *spiritrompe*.

Le globe de l'œil est tantôt *velu*, tantôt *glabre*, c'est-à-dire dépourvu de villosité. Une loupe est nécessaire pour bien s'en assurer.

Les *antennes*, implantées au bord interne de chaque œil, ordinairement plus courtes que le corps, ou l'égalant, sont composées d'un grand nombre d'articles. Tantôt elles sont filiformes (semblables à un fil) jusqu'au bouton renflé qui les termine brusquement; tantôt la base du bouton se confond longuement et insensiblement avec la tige (1). Ce sont les *antennes en massue* ([a]), organes qui, comme le nom l'indique, caractérisent les *Rhopalocères*, Papillons *diurnes* des anciens auteurs (2).

Chez les *Hétérocères* (crépusculaires et nocturnes des auteurs) (3), Papillons dont les antennes affectent des formes diverses, celles-ci sont ou *prismatiques*, ou en *fuseau*, ou contournées en *cornes de bélier*, ou *sétacées* (en forme de soie) et amin-

(1) Les lettres entre parenthèse renvoient à la planche.
(2) En grec : *Rhopalon*, massue, et *Keras*, corne.
(3) En grec : *Heteros*, différent, et *Keras*, corne.

cies de la base à l'extrémité, ou *dentées*, ou enfin *plumeuses* ou *pectinées*, c'est-à-dire ornées de barbes comme le seraient celles d'une plume, ou de dents comme celles d'un peigne.

Les *palpes* (b) sont au nombre de quatre, dont deux très-petits, visibles seulement à l'aide d'une forte loupe, de forme tuberculeuse et situés à la base de la *spiritrompe*. Les deux autres, qui nous aideront quelquefois dans nos déterminations, en général très-apparents, redressés, cylindriques, plus ou moins couverts de poils, forment cette espèce de bec que l'on voit en saillie en avant de la tête. Chacun d'eux est composé de trois articles, dont le supérieur, souvent nu, est quelquefois rudimentaire. La *spiritrompe* (c) est l'organe au moyen duquel l'insecte puise sa nourriture dans l'intérieur des fleurs. Elle est toujours roulée en spirale, quand elle existe, entre les palpes, pendant le repos. Dans certaines espèces, comme le *Sphinx du caille-lait*, elle égale le corps en longueur ; dans d'autres, dont la vie est très-courte, comme le Papillon du ver à soie, on ne la trouve qu'à l'état rudimentaire.

Le Thorax.

Le *thorax* ou *corselet* (e), qui vient après la tête, porte les *ailes*, les *pattes*, et les *trachées* ou *stigmates*.

Les ailes, au nombre de quatre, manquent quelquefois chez les femelles d'un petit nombre d'espèces. On les distingue en *ailes supérieures* ou *premières ailes*, et en *ailes inférieures* ou **secondes ailes.**

Les ailes se composent d'un squelette formé par des nervures, d'une membrane mince et transparente qui les tapisse en dessus et en dessous, et d'écailles qui manquent rarement et qui les colorent.

Les différentes parties des ailes portent des noms particuliers. Le point d'attache au thorax est la *base* de l'aile ([f]). Le milieu porte le nom de *disque*. Le côté opposé à la base, et où aboutissent les nervures et leurs ramifications, se nomme le côté *externe* ou *postérieur* ([g]). C'est ce même côté qui porte la *frange*, quand elle existe. La frange est unicolore ([g]), ou bicolore ([s]). La partie qui circonscrit l'aile par en haut est nommée *bord antérieur* ou *costal* ([h]); celui qui lui est opposé est le *bord interne* ([i]) qui, dans les ailes inférieures porte aussi le nom de *bord abdominal*; c'est là que se trouve la *gouttière* ([j]), chez un grand nombre d'espèces.

L'angle compris entre le bord costal et le côté externe se nomme, pour les ailes supérieures, *angle apical* ([k]); celui qui est formé par le bord interne et le côté externe, se nomme *angle interne* ([l]). Dans les ailes inférieures, ce dernier porte le nom d'*angle anal* ([m]), et celui qui lui est opposé le nom d'*angle extérieur* ([n]).

Les *nervures* sont plus ou moins ramifiées. Quelques-unes ne partent pas de la base même de l'aile, et ne sont, en effet que des ramifications des nervures primitives. La première, en commençant par le *bord supérieur*, se nomme *nervure costale* ([h]); celle qui suit, *nervure sous-costale*, qui se confond souvent avec la précédente; et la troisième, *nervure médiane*. Il existe, entre les ramifications de la *nervure médiane* et de la *sous-costale*, un espace appelé *cellule-discoïdale*. Cette *cellule* est dite *fermée* (o), si l'espace du disque compris entre les nervures est circonscrit de toutes parts, et forme comme une espèce de figure géométrique ; elle est dite *ouverte* (p), si ce même espace du disque n'est pas limité au côté où aboutissent les nervures.

Les ailes supérieures sont, en général, de forme triangulaire, à angles plus ou moins arrondis. Quand nous donnerons, en millimètres, la mesure de l'aile d'un insecte, nous la prendrons sur l'aile supérieure, à partir du corselet, qui est son point d'attache, jusqu'à l'angle *apical*.

Les ailes inférieures affectent une forme plus circulaire. Elles sont, dans un petit nombre d'espèces, un peu évidées ou échancrées et même plissées au *côté abdominal;* d'autre fois, elles offrent, au même côté, une *dépression* ou espèce de *canal* plus ou moins sensible, nommé *gouttière*, qui sert à recevoir et à soutenir l'abdomen pendant le repos (j).

Un dessin arrondi, portant à son centre un point d'une autre couleur, se nomme un *œil*, et le point *pupille* (q). Une tache peu étendue, cerclée d'une couleur pâle, prend le nom de *point ocellé*. Une simple tache, occupant peu de place, est un *point* (u); si elle s'étend davantage, le nom de tache lui reste (t) ; si elle est suffisamment large et allongée elle devient une *bande*; une *bande* très-étroite n'est plus qu'une *ligne*, une portion de ligne un *trait*. Les bandes ou les lignes sont *transverses* lorsqu'elles coupent perpendiculairement les nervures, *obliques* dans les autres cas. On entend par *lunule* une ligne courte en forme de croissant (ᵛ). Tout dessin qui touche le bord d'une aile est terminal ou marginal, tout autre qui s'en approche et le longe est *anté-marginal*.

Dans les espèces que nous aurons à décrire, les ailes supérieures, au moins, sont presque toujours relevées quand l'insecte est au repos. Dans les espèces qui composent la section des Hétérocères, il existe un organe particulier qui maintient les ailes horizontales ou rabattues en forme de toit pendant le repos ; c'est une sorte de frein raide attaché à la naissance des ailes inférieures, qui passe dans un anneau membraneux du dessous des supérieures. Pendant le vol, le frein sort de la boucle dans laquelle il était passé, et laisse ainsi toute liberté d'action aux ailes ; mais, au moment du repos, le frein rentre dans-la boucle et empêche les ailes de se relever. D'après cela, quelques auteurs ont proposé de classer les Papillons en *Achalinoptères*, ou à ailes dépourvues de frein, et en *Chalinoptères*, ou à ailes munies d'un frein.

Les *pattes* sont toujours au nombre de six ; mais, dans beaucoup d'espèces, les deux premières, recourbées sur la partie antérieure du thorax, semblent atrophiées, et ne servent pas à la locomotion.

Nemeobius Lucina, dont nous aurons à parler, a ceci de remarquable que la femelle marche sur six pattes, tandis que le mâle ne se sert que de quatre pendant la locomotion.

Les pattes sont formées de plusieurs parties ;
une seule, l'extrémité qui se nomme le *tarse*,
occupera notre attention. Il se compose de cinq
articles distincts, non compris les crochets termi-
naux. Le *tarse* des pattes postérieures a tantôt
deux, tantôt quatre pointes aciculaires principales.
Lorsqu'il en a quatre, deux sont placées près de
l'extrémité, et les deux autres vers le milieu du
côté interne.

Les *trachées* sont des ouvertures très-petites par
lesquelles l'air pénètre dans l'intérieur du corps.
Le corselet en possède deux de chaque côté.

Comme il est indispensable de tuer le Papillon
avant de le fixer par une épingle, nous indique-
rons un procédé rapide et infaillible. Il faut, pendant qu'il est encore dans le filet, exercer sur le
corselet, entre deux doigts, une pression suffisante
pour produire un léger craquement. L'insecte est
comme foudroyé.

L'Abdomen.

L'*abdomen* ou *ventre* (r) forme l'arrière-train. Il
se compose de six ou sept anneaux, et est plus
volumineux chez les femelles que chez les mâles,
en raison du nombre considérable d'œufs qu'il
contient. Chez les Papillons qui seront l'objet de
notre examen, l'abdomen est relativement grêle,
vu le développement des ailes, tandis qu'il est
très-gros, chez certains Crépusculaires et Nocturnes.

Les Papillons, insectes parfaits, proviennent de Chenilles, insectes à l'état de larves. Le corps des Chenilles n'offre que deux parties bien distinctes : une tête et un tronc, composé de douze anneaux, qui porte jusqu'à seize pattes. Ces anneaux, à l'exception du second, du troisième et du dernier, montrent, de chaque côté du corps, une tache, en forme de boutonnière oblique, en général d'une couleur différente de celles des parties voisines. Ce sont les stigmates.

Les Chenilles n'ont que six *vraies pattes*, situées en avant du corps, et correspondant à celles de l'insecte parfait. Les pattes de l'arrière-train, ou *fausses pattes*, au nombre de deux à dix, ne servent que de crampons. Toute larve donc qui, avec l'apparence d'une Chenille, a moins de huit pattes ou plus de seize, n'est pas une Chenille, et ne saurait devenir Papillon.

Les Chenilles des Rhopalocères ont toujours seize pattes.

Toutes les Chenilles des Rhopalocères ou des Hétérocères, après avoir changé quatre, cinq ou six fois de peau, et accompli leurs dernières évolutions, cessent de manger, et cherchent un endroit écarté, la saillie d'une tuile, d'une pierre, le dessous d'une branche d'arbre, une feuille, les sillons de l'écorce, ou même l'intérieur du sol pour opérer leur transformation en Chrysalides. Celles-ci sont tantôt nues, tantôt protégées par une coque soyeuse ou par des débris de végétaux agglutinés.

Les Chrysalides des Rhopalocères présentent

quelquefois des taches couleur d'or (de là leur nom) (1); Elles offrent des éminences ou même des parties anguleuses. Toujours nues, les unes restent sur la terre ou sont suspendues, la tête en bas, par un fil de soie (*suspendues*); d'autres se passent un fil autour du corps pour se fixer à une tige, à une pierre, etc., (*succintes*); quelques-unes, enfin, s'enroulent entre des feuilles (*enroulées*).

Le temps passé à l'état de Chrysalide varie beaucoup, et dépend souvent de l'époque de l'année à laquelle a eu lieu la transformation. Les Chrysalides formées à l'automne ne viennent à l'état parfait qu'au printemps suivant, ce qui explique l'apparition précoce de certaines espèces, qui reparaissent à l'été, tandis qu'il suffit de quelques jours pour d'autres devenues Chrysalides pendant la saison chaude.

Toutes les fois que nous le pourrons, nous donnerons, avec celle de l'espèce, la description de la Chenille et de la Chrysalide qui lui ont donné naissance, en consultant les ouvrages de Latreille, Chenu, Lucas et autres auteurs.

CLASSIFICATION:

On distingue ordinairement les papillons en *Diurnes*, *Crépusculaires* et *Nocturnes*.

Cette classification artificielle, basée, non sur la conformation même des insectes, mais sur des

---

(1) En grec : *Chrysos*, or, et *eidos*, aspect.

mœurs qu'il est souvent impossible de justifier, a
été abandonnée. S'il est vrai que les Diurnes ne
volent que lorsque le soleil est dans tout son éclat,
et disparaissent même quand il est momentanément caché par un nuage, on rencontre des Crépusculaires qui ne volent qu'en plein midi, et des
Nocturnes qui se montrent longtemps avant le cré-
puscule.

Nous diviserons donc, d'après Boisduval, les
Lépidoptères en deux classes : les Rhopalocères ou
papillons munis d'*antennes terminées en massue*,
et les Hétérocères ou papillons pourvus d'*antennes
de diverses formes*. Nous ne nous occuperons point
de ces derniers.

Les Rhopalocères seront partagés en deux tribus : les *Papilioniens*, insectes à antennes presque
contiguës à leur point d'insertion, et les *Hespériens*, insectes à antennes écartées à leur point
d'attache. Ces deux tribus formeront sept *familles*
qui seront décomposées en *genres* et en *espèces*.

Pour faciliter les déterminations nous établirons
une analyse ou clef dichotomique des familles et
des genres, avant la description des espèces.

Voici la manière de se servir de cette clef :

Je suppose que nous ayons capturé un de ces
papillons blancs, si communs dans les jardins, et
dont la chenille est le fléau de nos choux. Les antennes en sont terminées en massue; l'insecte
appartient donc à la classe des Rhopalocères.

Nous interrogeons la première phrase de l'analyse des genres :

Notre insecte a-t-il les antennes presque contiguës à leur point d'insertion? Oui, répondons-nous après examen. Nous sommes renvoyés, par le chiffre 2 écrit à droite, au chiffre 2 écrit à gauche, en face de la phrase suivante qui est une nouvelle interrogation :

Notre insecte marche-t-il sur quatre pattes? Non; il en a six, libres, bien distinctes. Nous sommes renvoyés par le chiffre 12 inscrit à droite, au n° 12 inscrit à côté de la marge de gauche.

Les ailes inférieures sont-elles très-grandes et terminées par une queue? Non. Nous sommes invités à passer au n° 13.

Les ailes sont-elles munies d'une frange? Oui. Allons au n° 15.

Les ailes sont-elles à fond blanc ou jaune? Oui. suivons par le n° 16.

La cellule discoïdale est-elle placée à la base de l'aile ou vers le milieu? Vers le milieu. Continuons par le n° 17.

Frange rose, ailes jaunes? Non; ailes et frange blanches. Poursuivons au n° 18.

Antennes plus courtes que l'abdomen? Non. Presque de la longueur du thorax et de l'abdomen? Oui. Notre insecte appartient donc au genre *Pieris*.

Comparons ce Pieris avec la description du genre, d'après l'invitation qui nous est faite par le renvoi G. 12, et cherchons parmi les espèces le prénom qui lui convient. Nous trouverons que notre papillon doit être nommé, en latin, *Pieris rapæ*, Godart, c'est-à-dire d'après Godart qui lui a imposé ce nom, et en français, *Piéride de la rave*.

En résumé, nous aurons un Rhopalocère de la tribu des Papilioniens, de la famille des Papilionides, du genre *Pieris*, qui se nomme, en définitive, *Piéride de la rave*.

Toutes les espèces décrites dans ce petit volume, nous les avons prises nous-même, à l'exception des suivantes :

Satyris Œdipus. Cette espèce que nous avons vue au musée départemental de La Rochelle, pourrait se trouver sur nos limites. Nous la décrivons d'après Godart.

Lycæna Argus. Tous les auteurs disent que ce Lycénide est commun dans presque toute la France, aux lieux fréquentés par *Lycæna Ægon*, quinze jours plus tard que ce dernier.

Thecla Acaciæ et *T. W. album*. Nous avons vu ces deux espèces dans des collections d'amateurs ; la première capturée dans les environs de Saint-Maixent, la seconde à Lezay.

CHASSE AUX PAPILLONS

Le chasseur aux Papillons doit être muni d'un filet qui consiste en une poche de gaze, verte autant que possible, longue d'environ 50ᶜ et montée sur un cercle de fil de fer de 30ᶜ de diamètre, à peu près, assez léger et en même temps assez résistant pour supporter les mouvements brusques et rapides que le chasseur doit, dans beaucoup de cas, imprimer à son filet. Le cercle doit être emmanché d'une canne en bois solide et léger, ou d'un roseau.

Il lui faut encore une boîte en bois mince ou en fer blanc, d'une profondeur de cinq ou six centimètres, doublée de liége dans le fond.

Enfin des épingles de différentes grosseurs, proportionnées au corselet et à la taille de l'insecte.

La chasse doit commercer dès le printemps, lorsqu'il fait un beau soleil. Beaucoup de Rhopalocères passent la nuit sur les plantes basses ou sur les fleurs, comme les *Lycénides;* on pourra les prendre facilement avec les doigts, avant le lever ou après le coucher du soleil. D'autres ne se montrent que depuis dix heures du matin, jusqu'à deux heures de l'après midi ; d'autres enfin, volent toute la journée et même, comme la *Belle-Dame,* jusqu'au coucher du soleil.

La station des Lépidoptères diffère selon les familles ou les espèces. Ils sont moins volages et inconstants que les poètes nous les représentent. Comme leurs chenilles vivent presque toujours sur les mêmes plantes, comme ils vivent eux-mêmes du suc des mêmes fleurs, ils fréquentent.les lieux où croissent ces plantes et subissent leurs destinées. Tous les ans on retrouve les mêmes espèces au mêmes lieux. Nous connaissons un champ de peu d'étendue dans lequel vit le Satyre-Hermite; on le chercherait vainement dans les champs voisins. S'il existe quelques espèces nomades, comme la Piéride de la rave, c'est parce que les *Crucifères*

qu'elle recherche se trouvent partout. C'est sur la
fleur des Ronces, principalement autour des bois,
qu'il faut chercher l'Argynne Tabac d'Espagne et le
Thécla Lyncée; sur le *Cirse sans tige* qu'il faut
prendre la Machaon; le Lycène strié sur la *Gesse
sauvage* et la *Gesse à larges feuilles* dans les bois,
et sur le *Baguenaudier* dans les grands jardins; le
Thécla du chêne, au sommet de l'arbre qui lui a
donné son nom, etc. — Mais si la culture change
l'état de la végétation, les Papillons disparaissent,
ne trouvant plus, dans leur habitat, des condi-
tions de vie suffisantes; ils sont remplacés par
d'autres espèces. Nous avons visité très-souvent
une localité longtemps en friche, près de la Mothe-
Saint-Héray, où vivaient ensemble deux *saxicoles*,
Satyre Faune et Satyre Hermite. Le champ
cultivé ne nourrit plus ces deux Papillons;
ils ont complétement disparu. Depuis bien des
années nous ne retrouvons plus, aux lieux où nous
les prenions autrefois, le Lycène Alsus. C'est une
espèce à chercher ailleurs.

Ceux qui habitent les grands bois, ne se montrent que pendant les heures chaudes de la journée et aiment à se poser sur les chemins, ou
dans les allées, quelques espèces sur la fiente, sur
les corps en putréfaction et les exsudations des
des arbres malades. Ils appartiennent aux Nymphalides et sont trés-méfiants. Il ne faut essayer
de les prendre qu'à coup sûr; les poursuivre est
inutile. Les Piérides, les Coliades, volent dans
les jardins, les prairies naturelles et artificielles.
Les Argynnes et les Mélitées se plaisent pres-

que toutes dans les avenues des bois, et sur les pelouses. Les Vanesses fréquentent les lieux de leur naissance dont elles s'écartent peu ; elles sont, en général, peu farouches. Les Satyres sont répandus un peu partout. Les uns fréquentent les buissons, (*dumicoles*) ; les autres les lieux secs et pierreux (*rupicoles*) ; quelques espèces, les lieux herbeux (*herbicoles*) ; celles-là les bruyères (*ericicoles*); un certain nombre hante les murs de clôture, les allées ombragées, les jardins (*vicicoles*); enfin les epéces qui volent dans les taillis (*ramicoles*). Les Lycénides et les Hespérides se trouvent un peu partout : jardins, prés, bois, lieux arides, bruyères, etc.

PRÉPARATION ET CONSERVATION.

Au retour de la chasse, il est indispensable de procéder à la préparation des insectes. Un *étaloir* est nécessaire. Cet instrument, que tout menuisier peut faire, consiste en une planchette de bois tendre, de peuplier, sans nœuds, bien polie, de 50ᶜ de longueur sur 10 de largeur et 3 d'épaisseur, environ. Une rainure doit être pratiquée au milieu, dans le sens de la longueur, profonde au moins de 15 à 20ᵐ. Il est bon d'avoir deux planchettes, l'une dont la rainure aura 4 ou 5ᵐ de largeur, pour recevoir le corps des plus gros individus, l'autre dont la rainure sera plus étroite, pour les petits. Il n'est pas inutile, non plus, pour laisser pénétrer et fixer l'épingle qui traverse le corselet, que le fond des rainures soit garni de liége ou de moelle de sureau.

On étale les ailes sur la planchette au moyen de bandes de papier et de fortes épingles. On fixe une de ces bandes par son extrémité antérieure, en avant des premières ailes, avec une épingle ; on place l'aile supérieure sous la bande que l'on retient de la main gauche, par son extrémité inférieure; on fait mouvoir l'aile, avec une forte aiguille, jusqu'à ce que le côté interne soit perpendiculaire au corps de l'insecte ; on maintient cette aile en place en appuyant, de la main gauche, sur la bande de papier ; on fait alors glisser l'aile inférieure jusqu'à ce qu'elle soit un peu recouverte par la supérieure, et l'on assujettit le papier. avec une seconde épingle. On répète la même opération pour les deux autres ailes. Règle générale : les côtés inférieurs des deux premières ailes doivent former une ligne droite, et les secondes ailes être recouvertes un peu par les supérieures. — On maintient, au moyen d'épingles, les antennes dans la position naturelle qu'elles doivent avoir. On ne doit pas oublier que ces organes, surtout lorsqu'ils sont secs, sont d'une fragilité extrême.

Il ne faut pas étaler les papillons pendant qu'ils sont en vie (nous avons dit comment on les tue instantanément), ni secs car ils se briseraient.

Les petites espèces doivent rester au moins huit jours sur l'étaloir, les grandes, davantage, selon la température.

Lorsqu'un insecte s'est déformé ou a perdu sa souplesse avant sa préparation, il est facile de le ramollir. Il suffit d'avoir une poignée de sable humide, ou une éponge imbibée d'eau, dans une assiette, d'y déposer le papillon, et de recouvrir le tout d'un vase, tel qu'un verre à boire ou un bol. Vingt-quatre heures après, on peut étaler l'insecte sans crainte de le briser.

Les Lépidoptères sont fréquemment attaqués par des larves qui les détruisent, et ruinent les plus belles collections. On a longtemps cherché un remède efficace sans réussir d'une manière absolue.

La benzine ou la luciline nous semble un excellent préservatif. Immédiatement après l'étalage des papillons, on dépose, avec un petit pinceau ou les barbes molles d'une plume, une goutte de l'un de ces liquides sur le corps de l'insecte. Les couleurs en seront peut-être momentanément altérées; mais elles reparaîtront, avec tout leur éclat, après l'évaporation du liquide. Il est bon de répéter cette opération en mettant en boîte. — Celle-ci, qui doit être hermétiquement close, devra renfermer, au moins pendant quelque temps, un tampon de coton imbibé de benzine porté à l'extrémité d'une forte épingle. Les boîtes à collection devront être tenues à l'abri de l'humidité qui ferait moisir les insectes, et de la trop grande lumière qui, à la longue, en altérerait les couleurs.

Malgré ces soins minutieux, on devra visiter ses collections tous les mois, ouvrir les boîtes, les frapper légèrement pour rassembler les poussières qui se dégagent toujours, plus ou moins, du corps des papillons, et les rejeter au dehors. Le

meilleur préservatif, c'est encore la surveillance
et la propreté.

Les antennes cassées ou détachées de la tête,
peuvent être restaurées avec une solution de
gomme arabique concentrée. Il en est de même
des ailes et des pattes.

Quelques amateurs piquent aussi les insectes de
manière à présenter le dessous des ailes qui est,
dans beaucoup de cas, plus beau que le dessus.
Quelle que soit l'attitude qu'on leur donne, on les
prépare toujours de la même manière.

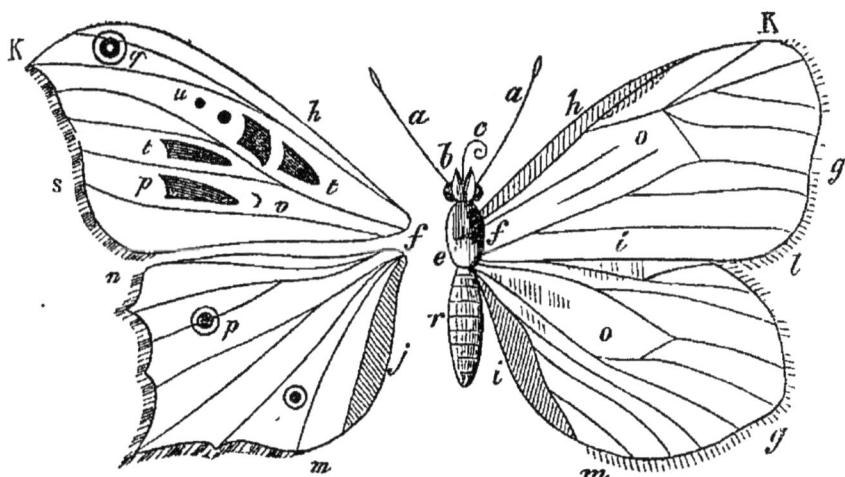

Tableau synoptique des Familles.

PAPILIONIENS.

Antennes presque contigués à leur point d'insertion. Ailes toujours perpendiculaires au plan de repos, les inférieures offrant une gouttière ou, plus rarement, une échancrure, avec le bord un peu relevé, au côté interne.

Quatre pattes ambulatoires dans les deux sexes. Chrysalides nues, suspendues ou reposant sur le sol.

Cellule discoïdale des ailes inférieures fermée. **SATYRIDES**

Cellule discoïdale des ailes inférieures ouverte **NYMPHALIDES**

Six pattes ambulatoires dans les deux sexes.

Cellule discoïdale des ailes inférieures fermée. Chrysalides nues et succintes.

Bord abdominal des ailes inférieures échancré, sans gouttière, terminé par une queue. . **PAPILIONIDES**

Bord abdominal des ailes inférieures formant une gouttière plus ou moins grande, non terminée en queue. . . . . . **PIÉRIDES**

Cellule discoïdale des ailes inférieures ouverte. Globe de l'œil cerné de blanc. Chrysalides nues, succintes ou reposant sur le sol. . . . . . **LYCÉNIDES**

Quatre pattes ambulatoires dans le mâle, six dans la femelle. Globe de l'œil cerné de blanc. Angle apical un peu aigu. Chrysalides nues, succintes (une seule espèce) . . . . **ÉRYCINIDES**

HESPÉRIENS.

Antennes écartées à leur point d'insertion, à massue quelquefois terminée en crochet. Ailes imparfaitement perpendiculaires au plan de repos, les inférieures un peu plissées longitudinalement au côté abdominal. Chrysalides enroulées dans des feuilles. **HESPÉRIDES**

ANALYSE DES GENRES

1. Antennes presque contiguës à leur point d'insertion. 2
   Antennes écartées à leur point d'insertion et à
   massue quelquefois terminée en crochet. Ailes
   inférieures un peu plissées au bord abdominal.. 22

2. Insectes ne marchant que sur quatre pattes. . . 3
   Six pattes ambulatoires. . . , ... 12

3. Cellule discoïdale des ailes fermée, ... 4
   Cellule discoïdale ouverte. 5

4. Ailes à fond blanc ou d'un blanc jaunâtre, avec
   des bandes et des taches noires. *Arge.* G. 1.
   Ailes fauves, brunes ou blondes. *Satyrus.* G. 2.

5. Antennes terminées en massue courte. 6
   Antennes insensiblement terminées en massue
   allongée. 11

6. Globe de l'œil pubescent (voir à la loupe). . . . 7
   Yeux glabres.. 9

7. Ailes inférieures à bord postérieur fortement denté. 8
   Ailes inférieures à bord postérieur n'étant que
   sinueux. *Pyrameis.* G. 4.

8. Bord interne des ailes supérieures flexueux ; les
   inférieures ayant, en dessous, sur le disque, une
   tache argentée en forme de c. *Grapta.* G. 3.
   Bord interne des ailes supérieures droit ou presque droit. *Vanessa* G. 5.

9. Globe de l'œil entièrement cerné de blanc ; bouton
   des antennes presque triangulaire ; angle apical
   subaigu. *Nemeobius.* G. 20.
   Yeux non entièrement cernés de blanc ; angle
   apical arrondi. 10

10. Bouton des antennes creusé en cuillère én dessous.
Dessous des ailes inférieures toujours orné
de bandes ou de taches argentées. *Argynnis*.
G. 6.
Bouton des antennes aplati en dessous. Jamais
de bandes ni de taches argentées sous les ailes.
Melitea. G. 7.

11. Ailes à fond d'un bleu noir ou d'un brun noir en
dessus, avec des bandes et taches blanches, rouges ou rougeâtres en dessous. *Limenitis*. G. 8.
Ailes roussâtres, ou d'un brun roussâtre en
dessus, avec des reflets d'un violet chatoyant,
dans les mâles, et des taches arrondies en
forme d'yeux. *Apatura*. G. 9.

12. Très-grands papillons à ailes inférieures terminées en queue. *Papilio*. G. 10.
Ailes inférieures non terminées en queue, ou insecte ne mesurant pas 35 milli^m. de la base
de l'aile à l'angle apical.............. 13

13. Ailes non frangées................ 14
Ailes munies d'une frange.............. 15

14. Ailes jaunes; antennes courtes, roses. *Rhodocera*.
G. 15.
Ailes blanches ; antennes noires. *Leuconea*. G. 11.

15. Ailes à fond blanc ou jaune, les inférieures souvent marbrées de jaune verdâtre en dessous. . 16
Ailes à fond ni blanc ni jaune. Insecte généralement de petite taille................ 19

16. Cellule discoïdale des ailes fermée, très-petite,
située tout à fait à leur base. Insectes grêles
dans toutes leurs parties. *Leucophasia*. G. 14.
Cellule discoïdale fermée, atteignant au moins
le centre de l'aile................ 17

17. Ailes jaunes à frange rose. *Colias*. G. 16.
Frange des ailes n'étant pas rose.......... 18

18. Antennes plus courtes que l'abdomen. *Anthocharis*. G. 13.

Antennes presque de la longueur du thorax et de l'abdomen. *Pieris*. G. 12.

19. Dessus des ailes d'un brun noirâtre et fauve, en damier. . . . . , . . . 9

Dessus des ailes non dessiné en damier. , ... 20

20. Tarses annelés de blanc et de noir. Angle anal toujours terminé par une queue ou une saillie plus ou moins longue. *Thecla*. G. 19.

Tarses d'une seule couleur; rarement une queue aux ailes inférieures. 21

21. Ailes jamais bleues en dessus, jaunâtres ou d'un beau fauve en dessous, les inférieures ayant l'angle anal muni d'une ou de deux dents. *Polyommatus*. G. 18.

Ailes bleues ou brunes en dessus, jamais jaunâtres ni d'un beau fauve en dessous. *Lycœna*. G. 17.

22. Ailes inférieures sensiblement dentées au bord postérieur. *Spilothyrus*. G. 22.

Ailes non dentées. . . . . , ... 23

23. Abdomen grêle. Ailes inférieures ayant, en dessous, de nombreuses taches blanches ou jaunâtres, la plupart ovales, cerclées de brun. *Steropus*. G. 23.

Abdomen épais. Point de grandes taches ovales sous les ailes. 24

24. Ailes brunes en dessus, avec une frange mi-partie noire et blanche. *Syrichtus*. G. 24.

Frange des ailes n'étant pas blanche et noire. . . 25

25. Une ligne antémarginale de très-petits points blancs au bord postérieur des ailes inférieures, en dessus. *Thanaos*. G. 21.

Point de ligne de petits points blancs sur les ailes inférieures. Un trait noir oblique sur les ailes supérieures, dans les mâles. *Hesperia*. G. 25.

A. PAPILIONIENS.

ANTENNES TRÈS-RAPPROCHÉES A LEUR POINT D'INSERTION.

§ 1er Quatre pattes ambulatoires dans les deux sexes.

F. I. Satyrides.

Palpes assez saillants, hérissés de poils en avant. Yeux tantôt glabres, tantôt pubescents. Ailes supérieures ayant presque toujours la nervure costale, surtout la médiane et quelquefois l'inférieure, dilatées et un peu vésiculeuses à leur base. Cellule discoïdale des ailes inférieures fermée. Gouttière anale peu prononcée. Vol saûtillant et peu soutenu.

Chenilles vertes ou jaunâtres, atténuées postérieurement et se terminant en queue bifide, simulant un peu une queue de poisson ; tantôt lisses, tantôt rugueuses, tantôt pubescentes, vivant toutes exclusivement sur les graminées. Difficiles à trouver, car elles ne sortent que la nuit. En parcourant les prairies avec une lanterne, on les voit mangeant les feuilles de gazon.

Chrysalides tantôt oblongues et un peu anguleuses, avec la tête en croissant ou bifide, et deux rangées de petits tubercules sur le dos ; tantôt courtes ou arrondies, avec la tête obtuse et le dos uni ; toutes sans taches métalliques.

G. 1. **ARGE** Esper, **ARGÉ**. Antennes aussi longues que le corps, moins la tête, à tige se formant insensiblement en massue à partir du tiers de sa longueur. Palpes écartés, peu fournis de longs poils raides. Yeux glabres. Ailes arrondies, faiblement dentées. Nervure costale des ailes supérieures seule fortement dilatée à sa base, tant en dessus qu'en dessous. — Chenilles pubescentes, avec des raies longitudinales. Corps peu allongé. Tête globuleuse. — Chrysalides courtes, arrondies, ventrues, non suspendues, reposant sur la terre.

ARGE GALATHEA Linnée, ARGÉ GALATHÉE (*demi-deuil*). Ailes blanches ou d'un blanc un peu jaunâtre, avec des taches noires. Les inférieures ayant, en dessous, une ligne antémarginale, vers le bord postérieur, noire, en dents de scie, au-dessus de laquelle est une série de points noirs cerclés, dont quelques-uns pupillés de blanc. — Femelle un plus grande que le mâle, avec le dessous légèrement roussâtre. 25-28^m. Clairières des bois, prairies. Juin, juillet. — On rencontre quelquefois des individus dont le dessous des ailes est roussâtre, avec les dessins presque entièrement effacés. C'est *A. leucomelas* d'Esper.

Chenille tantôt verte, tantôt d'un gris jaunâtre, avec trois raies longitudinales plus foncées, dont une dorsale et l'autre latérale ; ces trois lignes sont bordées de raies plus claires. Tête, vraies pattes, stigmates, extrémité des pointes de la queue rougeâtres ou ferrugineux. Elle vit sur la Phléole des prés. — Chrysalide ovoïde, jaunâtre, avec des taches de chaque côté de la tête faisant relief.

G. 2. **SATYRUS** Boisduval, **SATYRE**. Antennes moins longues que le corps, à massue variable. Palpes hérissés de poils raides, serrés à la base. Ailes inférieures arrondies, le plus souvent dentelées ; les supérieures à nervures plus ou moins renflées à leur origine. Coloration brune ou fauve.

A. ailes inférieures non dentées.

Les trois nervures fortement renflées et d'une manière égale à leur origine. Antennes annelées de gris et de

brun, à massue allongée. Yeux glabres. (*Dumicoles*).
— Chenilles pubescentes, grises ou vertes, avec des
raies longitudinales plus claires et plus foncées;
corps ramassé; tête globuleuse. — Chrysalydes
courtes, arrondies, sans tubercules, avec la tête légèrement bifide, suspendues.

S. ARCANIUS L., S. CÉPHALE. Dessous des ailes
ayant, au bord externe et au bord inférieur, une ligne
antémarginale étroite, imitant l'acier poli. Les quatre
ailes souvent sans taches ocellées en dessus. Dessus des
supérieures fauve avec une large bordure brune. Une
tache ocellée à l'angle apical, en dessous, quelquefois
répercutée en dessus. Ailes inférieures brunes en dessus,
ayant en dessous une large bande transverse d'un blanc
jaunâtre, et cinq ou six yeux noirs, pupillés de blanc,
cerclés de fauve, dont l'antérieur isolé à l'extrémité supérieure de la bande blanche. 15-16m. Bois, tallis. Juin,
juillet. — Chenille glabre, d'un beau vert, avec une ligne
dorsale d'un vert noirâtre, et quatre lignes latérales d'un
jaune fauve; la ligne latérale est bordée de chaque côté
d'un mince liseré jaune ou vert pâle. Pointes caudales et
fausses pattes vertes. — Chrysalide d'un gris rougeâtre,
arrondie, ramassée, sans tubercules sur le dos; tête
légèrement bifide.

S. ŒDIPUS Fabricius, S. ŒDIPE. Ailes d'un brun
noir. Dessous des quatre d'un jaune assez obscur, avec
une ligne marginale argentée, celui des inférieures
ayant cinq ou six yeux, dont l'antérieur isolé. Iris de ces
yeux d'un jaune paille. Le dessous des ailes supérieures
est tantôt sans yeux et tantôt en a jusqu'à cinq. Dans la
femelle, les yeux des ailes inférieures sont précédés, intérieurement, d'une ligne ou d'une bande blanche luisante;
les trois postérieurs sont sensibles en dessus. A peu près
de la taille du précédent. Mai, juin. (Godart).

S. PAMPHILUS L., S. PAMPHILE. Ligne à reflet

métallique nulle sous les ailes. Ailes d'un fauve jaunâtre, avec une étroite bordure brùnâtre et un petit œil, quelquefois peu visible, à l'angle apical, en dessus, et répercuté plus sensiblement en dessous. Dessous des ailes inférieures d'un brun cendré, avec une bande plus claire sur le disque, et une série de sept petites taches légèrement ocellées, brunes, souvent peu marquées. La femelle est un peu plus grande. Le plus petit des Satyres. 13-14 milli^m. Un . peu partout. Mai - septembre. — Chenille entièrement lisse, d'un joli vert pomme, avec trois lignes longitudinales d'un vert plus foncé et bordées de blanchâtre, dont une dorsale et deux latérales. Pattes d'un vert un peu jaunâtre, ainsi que la tête qui est globuleuse et légèrement hispide. Pointes anales rougeâtres. — Chrysalide arrondie, à tête légèrement bifide, sans angle ni tubercules sur le dos, tantôt entièrement verte et tantôt avec trois lignes noires sur l'enveloppe des ailes, dont l'extérieure est bordée de blanc et celle du milieu bifurquée.

B. Secondes ailes sinuées-dentées au bord postérieur.

A. Tige des antennes d'une seule couleur; yeux glabres.

+ Antennes à massue allongée, grossissant insensiblement et se confondant inférieurement avec la tige. Nervure costale et la médiane dilatées à à leur origine; l'inférieure sans dilatation sensible. (*Herbicoles*).—Chenilles pubescentes, grises ou vertes, avec des raies longitudinales; tête globuleuse. — Chrysalides peu allongées, à angles arrondis; tête bifide; suspendues.

S. THITONIUS L., S. AMARYLLIS. ailes fauves, largement bordées de brun en dessus. Œil apical noir, toujours bipubillé de blanc, répercuté en dessous. Secondes ailes ayant quelquefois un petit œil à l'angle anal, en dessus, et en dessous trois ou quatre petits points blancs cerclés de roussâtre, les deux supérieurs isolés. — Femelle plus grande et d'un fauve plus clair, dépourvue de bande noire veloutée, oblique, sur le disque des ailes supérieures. 18-20^m. Haies, bois. Juillet, août. — Chenille pubescente, tantôt verte et tantôt grise ou bleuâtre, avec une ligne dorsale plus foncée et deux lignes latérales blanches, entre lesquelles sont placés les stigmates. Tête ferrugineuse; toutes les pattes de la couleur du corps. — Chrysalide verte ou grise, avec quelques taches noires sur l'enveloppe des ailes; courte, légèrement bifide antérieurement. Stigmates noirs.

S. JANIRA L., S. MYRTIL. Ailes brunes en dessus chez les mâles, avec des taches fauves plus ou moins grandes chez les femelles. Œil apical noir, cerclé de jaune, monopupillé dans les mâles, situé sur une large tache fauve, et quelquefois bipupillé de blanc dans les femelles, répercuté en dessous. Dessous des ailes inférieures ayant deux ou trois points noirs cerclés de jaune. Femelle plus grande et plus fauve en dessus que le mâle. — Le plus commun des Satyres. 24-26^m. Prés, bois, haies, etc. Juin-août. — Chenille d'un beau vert pomme ou d'un vert jaunâtre, munie de poils blanchâtres, dont ceux du dos dirigés vers la partie anale. Le vaisseau dorsal forme une raie d'un vert obscur qui est ordinairement placée entre deux autres raies plus étroites, et de la même couleur. Ventre d'un vert obscur, ainsi que les pattes et la tête qui est bifide. Les deux pointes anales sont lavées de rose. — Chrysalide d'un vert pâle ou jaunâtre, avec plusieurs raies longitudinales d'un brun violâtre. Le dos est garni de deux rangées de tubercules bruns, peu saillants. Tête en croissant ou légèrement bifide.

+–+ Antennes à massue en bouton ou en forme de poire.
᾿ Nervure costale très-renflée à son origine, la médiane seulement un peu dilatée. *(Ericicoles)*.
Chenille glabre. Tête sphérique: corps gros, rayé

longitudinalement.—Chrysalide courte, ventrue, arrondie antérieurement et conique postérieurement, reposant sur le sol au pied de la plante qui a nourri la chenille.

S. PHŒDRA L., S. PHÈDRE. Très-brun, presque noir. Deux yeux sur les ailes supérieures dans les mâles, souvent trois, très-inégaux, chez les femelles, visibles et cerclés de jaunâtre en dessous. Les ailes supérieures ont un œil à l'angle anal en dessus. La femelle est plus grande, ses taches ocellées sont plus larges et plus dinstinctement pupillées de bleu que celles des mâles. 28-30^m. Bois, bruyères. Juillet, août. — Chenille d'un gris rougeâtre ou couleur de chair, avec une raie dorsale brune, et, de chaque côté de la raie, une ligne blanchâtre suivie d'une bande de même couleur. Stigmates noirs, vraies pattes, brunes. Tête roussâtre marquée de six lignes brunes. Chrysalide arrondie, d'un fauve clair.

** La nervure costale et la médiane également trèsdilatées à leur origine. — Chenilles et chrysalides comme dans le groupe précédent. La chenille se creuse une petite cavité pour se transformer. (*Rupicoles*).

S. CIRCE Fab., S. SILÈNE. Ailes d'un brun noirâtre foncé, traversées, en dessus, à peu de distance du bord, par une large bande d'un beau blanc, maculaire et un peu interrompue à l'angle apical, où elle porte úne tache noire pupillée de blanc, répercutée en dessous. Cette bande blanche traverse le dessus des ailes inférieures *dans toute leur largeur*, et se répercute sous les quatre. Frange noire entrecoupée de blanc. Femelle plus grande. Le plus grand des satyres. 38-40^m. Bois secs, haies des lieux secs. Juillet, août. — Chenille entièrement glabre, d'un gris livide, avec trois lignes longitudinales d'un noir verdâtre, les deux latérales moins foncées que celle du milieu, toutes bordées de blanc jaunâtre ; stigmates placés sur une bande jaunâtre, et indiqués par de petits points noirs. Tête rougeâtre, marquée de six raies d'un brun noir. Ventre et pattes d'un gris rougeâtre livide. Elle se cache le jour sous les pierres, et se creuse une petite cavité en terre pour se transformer en chrysalide.—Chrysalide arrondie, à corselet caréné ; stigmates grands et saillants. Elle est d'un brun rougeâtre, plus clair sur l'enveloppe des ailes.

S. HERMIONE L., S. SILVANDRE. Ailes d'un brun foncé châtoyant, ayant, en dessus, une bande transverse d'un blanc sale ou roux, se continuant sur les secondes ailes, mais *n'allant pas jusqu'au bord postérieur.* Une tache brune, souvent pupillée de blanc sale, à l'angle apical. Dessous des ailes supérieures ayant la bande du dessus, ainsi que l'œil, qui est noir et distinctement pupillé de blanc. Dessous des secondes ailes brun, strié de gris, avec des lignes noires dentelées, transverses. Angle anal muni, en dessus et en dessous, d'un petit œil souvent obscurément pupillé. Frange brune et blanche. — Femelle plus grande, avec la bande des ailes supérieures moins obscure que chez le mâle, et souvent ornée de deux yeux. 30-34m. Bois secs, chemins, lieux arides. Juillet, août. — Chenille grise, avec une bande très-noire sur le dos.

S. BRISEIS L., S. HERMITE. Ailes d'un brun un peu clair, presque blond, à reflet verdâtre, avec une bande transverse d'un blanc sale ou jaunâtre, divisée par les nervures formant des taches inégales sur les supérieures, et marquée de deux ou trois taches noires, quelquefois pupillées de blanc. Bord costal jaunâtre. Dessous des premières ailes jaunâtre avec des taches brunes. Les inférieures largement maculées de blanchâtre sur le disque, et ayant parfois une tache noire à l'angle anal, en dessus. — Femelle plus grande, avec les bandes plus larges et mieux arrêtées, et le dessous plus pâle. 26-28m. Lieux stériles et pierreux. Se pose de préférence sur les pierres, avec lesquelles il se confond par sa couleur, et devient alors presque invisible. Juillet, août.

S. ARETHUSA Fab., S. ARÉTHUSE (*Petit agreste*). Brun, avec une bande antémarginale, sur les quatre ailes, fauve, maculaire. Une tache noire à l'angle apical, en dessus, rarement pupillée ; la même tache répercutée en dessous et munie d'une pupille blanche. Un petit œil, quelquefois réduit à un point noir, vers l'angle anal, en dessus. Dessous des premières ailes d'un beau fauve, largement bordé de brun. Dessous des secondes ailes grisaillé, plus clair sur le disque. Frange blanche et brune. — Femelle plus grande, avec la bordure fauve du dessus des ailes plus maculaire et plus large. 23-25^m. Lieux herbeux secs et rocailleux. Août.

S. SEMELE L., S. AGRESTE. Brun et fauve en dessus. Un petit œil pupillé de blanc, à l'angle anal, sur les ailes inférieures. Les deux yeux des ailes supérieures gros et répercutés en dessous. Base des quatre ailes, en dessous, plus foncée que la partie postérieure, les deux nuances étant séparées par une ligne très-irrégulièrement sinuée-anguleuse. L'œil de l'angle anal, quelquefois, mais très-légèrement répercuté en dessous. — Femelle plus grande, mieux ocellée. Les taches fauves du dessus sont mieux définies, plus étendues, et la partie claire du dessous des ailes plus étroite. 26-30^m. Bois secs, clairs et pierreux. Se pose sur le tronc des arbres en fermant étroitement les ailes, où il est difficile de l'apercevoir. Août. — Chenille glabre, ridée transversalement et d'un gris livide ou couleur de chair, avec cinq raies longitudinales, dont une dorsale. Stigmates arrondis et bordés de noir ; dessous et fausses pattes d'un verdâtre pâle. Tête d'un roux livide, avec six raies noirâtres. — Chrysalide d'un roux jaunâtre, avec l'enveloppe des ailes plus claire et parsemée de quelques atômes noirâtres.

S. FAUNA Godart, S. ARACHNÉ. Ailes brunes en dessus. Les supérieures avec deux taches noires arrondies, souvent pupillées de blanc, et séparées par deux petits points blancs. Dessus des inférieures ayant un point blanc vers l'angle anal, et souvent, le long du bord postérieur, une série, quelquefois obscure, de petits points blanchâtres. Dessous des ailes supérieures ayant des taches noires en dessus, cerclées de jaune et pupillées de blanc, séparées aussi par deux points blancs. — La femelle a les yeux des ailes supérieures mieux cerclés et plus grands, en dessous. 22-24^m. Lieux arides. Aime à se poser sur la terre et sur les pierres en fermant les ailes. Août.

> B. Antennes annelées de blanc. Yeux pubescents.
> ✛ Massue pyriforme; nervure costale et la médiane également renflées. — Chenilles pubescentes, généralement vertes, avec les raies longitudinales plus claires et plus foncées, et la tête globuleuse. — Chrysalides suspendues, allongées, à angles arrondis et à tête globuleuse, avec deux rangées de tubercules sur le dos. (*Vicicoles*).

S. MEGŒRA L., S. MÉGÈRE. Brun et fauve en dessus. Dessus des ailes inférieures brun de la base au milieu, puis ayant une bande fauve, traversée horizontalement par une ligne brune, avec une série antémarginale, le long du bord postérieur, de taches noires pupillées de blanc. Dessous des mêmes ailes d'un gris un peu sombre, traversées par des lignes en zig-zag, et ayant six ou sept yeux, dont deux plus petits accolés, tous pupillés de blanc, bicerclés de jaune et de noir ou de brun. Un œil à l'angle apical, monopupillé de blanc, accompagné le plus souvent d'un œil beaucoup plus petit, visible en dessus et en dessous. Dessous des premières ailes muni de lignes brunes dont la plus éloignée de la base *traverse entièrement le disque*. 21-22^m. Aime à suivre en volant les murs de clôture, jardins, etc. Mai-août, jusqu'en automne. — Chenille d'un vert pâle, avec plusieurs lignes longitudinales, dont une d'un blanc jaunâtre de

chaque côté du corps, qui passe au dessous des stigmates
et qui disparaît sur les deux premiers anneaux. Les autres, au nombre de cinq, sont d'un vert plus foncé que le
fond, et bordées d'un vert plus pâle. Stigmates d'un vert
brunâtre, avec la bordure plus foncée. Les deux pointes
anales sont marquées extérieurement d'une ligne jaunâtre.
Tête verte, arrondie, chagrinée et hérissée de poils noirâtres. — La chrysalide ne diffère de celle de l'espèce
suivante que parce qu'elle est un peu plus courte; comme
elle, elle est verte ou d'un noir verdâtre, légérement
anguleuse, avec deux rangées dorsales de tubercules
jaunâtres ou blanchâtres.

S. MŒRA L., S. ARIANE. Très-semblable au précédent. Œil de l'angle apical ordinairement allongé et
bipupillé de blanc, accompagné d'un œil beaucoup plus
petit, répercuté en dessous. Dessus des secondes ailes brun,
avec une série antémarginale de taches fauves portant,
presque toutes, un point noir pupillé de blanc. Dessous
des mêmes ailes comme dans l'espèce précédente, mais
plus clair. Dessous des ailes supérieures largement fauve-
clair et muni de lignes brunes, *courtes*. — Femelle un
peu plus grande et moins foncée en dessus que le mâle.
Celui-ci se distingue, du reste, comme dans l'espèce
précédente, par une bande noire, veloutée, transverse
sur les ailes supérieures. 25-26ᵐ. Mœurs du précédent.
Mai–septembre. — Chenille d'un vert tendre, avec une
ligne dorsale d'un vert foncé entre deux lignes blanches,
et ayant, sur les côtés, deux autres lignes blanches
qui se prolongent jusqu'à l'extrémité des pointes caudales.
Tête arrondie, bifide. — La chrysalide est tantôt verte,
tantôt d'un vert noirâtre, avec les tubercules du dos
jaunes ou fauves. On la trouve attachée aux murs de
clôture.

S. ÆGERIA L., S. TIRCIS. Ailes brunes maculées
de fauve. Œil de l'angle apical monopupillé en dessus et
en dessous. Ailes inférieures ayant, en dessus, le long du

bord postérieur, une bande fauve portant des points noirs dont quelques-uns sont pupillés de blanc. Dessous des ailes inférieures ayant une série de points blancs sur des taches rouilleuses. — Femelle ayant les taches fauves du dessus plus grandes que celles du mâle. 20-22^m. Ombrages frais, un peu partout. Dès les beaux jours, de mars à octobre. — Chenille ridée transversalement, verte, avec le dos plus foncé: des lignes jaunâtres ou blanchâtres le long des côtés, et la fourche de la partie anale de la couleur de ces lignes. — Chrysalide verdâtre, anguleuse, courte, légèrement bifide à sa partie antérieure. Dos renflé et chargé de deux rangs de petits boutons tuberculeux.

┼┼ Massue allongée. Nervure costale plus dilatée que la médiane. — Chenilles pubescentes, grises ou vertes, avec des raies longitudinales plus claires ou plus foncées. Corps ramassé. Tête globuleuse. — Chrysalides courtes, ventrues, arrondies antérieurement et coniques postérieurement, reposant sur le sol. (*Ramicoles*).

S. HYPERANTUS L., S. TRISTAN. Brun, avec le dessous un peu plus clair. Dessus des ailes ayant de petites taches noires plus ou moins bien cerclées de roux et pupillées de blanc dans les mâles. Dessous des supérieures avec deux ou trois taches noires pupillées de blanc et cerclées de fauve. Dessous des inférieures ayant cinq taches noires, dont deux écartées et se touchant, toutes distinctement pupillées de blanc et cerclées de fauve. — Femelle un peu plus grande et plus nettement cerclée en dessus que le mâle. 20-22^m. Bois, broussailles. Juin. — Chenille légèrement chagrinée et d'un gris roussâtre, avec une ligne dorsale brune qui s'oblitère sur les quatre premiers anneaux, et une raie latérale blanche passant au-dessus des pattes qui sont grises. Tête rougeâtre rayée de brun. — Chrysalide courte, presque ovoïde, de même couleur que la chenille.

3

S. DEJANIRA L., S. BACCHANTE. Ailes d'un
brun clair, ou presque blondes en dessus. Les supérieures
ayant, en dessus, cinq yeux noirs, dont deux plus
grands, non pupillés, cerclés de jaune, disposés en ligne
courbe le long du bord externe. Les inférieures ont, en
dessus, trois ou quatre yeux semblables. Dessous des
premières ailes ayant six ou sept yeux noirs, inégaux,
pupillés de blanc, cerclés de jaune ou de brun, situés
sur une large bande blanche. Les quatre ailes sont bordées, de part et d'autre, de lignes fines, brunes, plus
marquées en-dessous. Insecte trés-élégant. 26-27ᵐ.
Bois. Fuit le soleil, et vole dans les ramées comme le
précédent. Juin. — Chenille verte, avec cinq lignes longitudinales plus foncées, dont trois dorsales et deux
latérales. Celles-ci bordées inférieurement d'une ligne
blanchâtre qui passe au-dessous des pattes. Tête jaunâtre
ainsi que les pattes écailleuses. Pattes membraneuses et
pointes caudales de la couleur du corps. — Chrysalide
semblable à celle de l'espèce précédente.

F. II. Nymphalides.

Antennes à massue ovoïde, courte, ou allongée
et se confondant insensiblement avec la tige. Tête
aussi large ou plus étroite que le thorax. Globe
de l'œil glabre ou pubescent. Cellule discoïdale
des ailes inférieures ouverte. Bord abdominal des
dites ailes en gouttière profonde pour recevoir
l'abdomen. Vol généralement planant et soutenu.
Chenilles tantôt garnies sur presque tout le corps
d'épines ou de tubercules velus, ou n'ayant que
la tête épineuse. — Chrysalides tantôt anguleuses
et tantôt à angles arrondis ou carénées, souvent
ornées de taches métalliques.

G. 3. **GRAPTA** Kirby, **GRAPTE.** Antennes

ayant à peu près les deux tiers de la longueur du corps, terminées en massue courte, à sommet obtusément pointu. Globe de l'œil pubescent. Ailes supérieures subtriangulaires, à sommet fortement échancré, à bord interne très-flexueux; l'externe concave au milieu et denté. Ailes inférieures fortement découpées et dentées au bord postérieur. Cellule discoïdale ouverte. Quatre pattes ambulatoires. — Chenilles cylindriques, ayant la tête ornée de deux épines verticillées; les second et troisième segments thoraciques, ainsi que ceux de l'abdomen, armés d'épines également verticillées. Sur l'ortie, l'orme, le houblon, etc. — Chrysalides anguleuses, couvertes de tubercules, avec la partie antérieure bifide.

G. C ALBUM L., G. C BLANC, (*Gamma* ou *Robert-le-Diable*). Dessus des ailes fauve, plus foncé dans le mâle que dans la femelle, avec huit taches noires sur les premières, et trois sur les secondes, dont une près de la côte. Ces taches sont suivies d'une ligne transverse noirâtre dans la femelle, ferrugineuse dans le mâle. Dessous marbré de brun foncé et de verdâtre, avec un signe argenté en forme de C, au centre des ailes inférieures. Corps couvert en dessus de poils à reflets verts, ainsi que la base des ailes. Antennes brunes, annelées de blanc en dessous; massue noirâtre à extrémité d'un jaune pâle. 25-27^m. Jardins, routes, bois, luzernes, etc. Très-familier. Mars-septembre. — Chenille d'un brun rougeâtre, avec une bande blanche dorsale, ne couvrant pas les quatre anneaux antérieurs qui sont parfois d'une teinte jaunâtre. Tête presque en forme de cœur, surmontée de deux tubercules poilus, comme deux oreilles de chat. — Chrysalide comprimée dans son milieu, ordinairement incarnate avec des points dorés.

G. 4. PYRAMEIS Doubleday. **PYRAMÉIS**.
Antennes ayant, à peu près, les trois quarts de la
longueur du corps, terminées en massue courte,
légèrement pyriforme. Ailes supérieures subtriangulaires, à sommet tronqué, à bord interne
presque droit. Bord externe sinueux, un peu
échancré. Ailes inférieures un peu obovales, à
bord postérieur régulièrement sinué-dentelé.
Globe de l'œil velu. Cellule discoïdale ouverte.
Quatre pattes ambulatoires. — Chenilles cylindriques, ayant tous les segments, excepté le
segment prothoracique et la tête, armés d'épines
verticillées. — Chrysalides plus ou moins anguleuses, couvertes de tubercules présentant ordinairement des nuances de brun, de gris et
d'olive, et plus ou moins ornées de taches dorées,
avec la tête un peu obtusément bifide.

P. ATALANTA L., P. VULCAIN. Noir bleu en
dessus, avec une large bande d'un beau rouge sur les
quatre ailes ; bande longeant le bord postérieur des
secondes ailes portant une ligne de points noirs; ceux
de l'angle anal bleus. Ailes supérieures ayant, en dessus,
plusieurs taches blanches à l'angle apical et une plus
large au bord costal ; bande rouge des mêmes ailes visible, mais moins foncée, en dessous. Dessous des ailes
marbré de diverses couleurs. Frange blanche et noire.
Dessus du corps noir; dessous d'un brun grisâtre ou
jaunâtre, selon le sexe. Antennes noires annelées de
blanc. Massue à sommet jaunâtre. 30-33^m. Pendant toute
la belle saison, surtout en automne. Familier ; se pose
même sur le chasseur. Jardins, vergers, bois, etc. —
Chenille tantôt verdâtre, tantôt noirâtre, avec une ligne
maculaire d'un jaune citron sur chacun des côtés. Vit sur
les orties. — Chrysalide grisâtre ou noirâtre, avec des
points dorés.

P. CARDUI L., P. BELLE DAME. Dessus des premières ailes brun avec des taches blanches à l'angle
apical et à la côte, le milieu étant d'un fauve rougeâtre
avec des taches brunes. Dessous des secondes brun dans
la partie antérieure, la plus grande portion étant d'un
fauve rougeâtre, avec des rangées de taches noires.
Frange brune et blanche. Dessous des ailes supérieures
presque semblable au-dessus ; dessous des inférieures
marbré de gris, de brun clair et de blanc, avec quatre ou
cinq taches noires inégales, bleuâtres sur les bords,
bicerclées de jaune et de noir. Corps blanchâtre en
dessous, brun et garni de poils roussâtres en dessus.
Antennes noirâtres, annelées de blanc, à bouton jaunâtre
à l'extrémité. 30-32^m. Luzernes, parterres, chemins secs
où croît la chausse-trappe. Juin-septembre. — Chenille
brunâtre ou grise, avec des lignes jaunes, latérales et
interrompues. — Chrysalide grisâtre, avec des points
dorés, quelquefois si nombreux qu'elle paraît toute dorée.

G. 5. **VANESSA** Fab., **VANESSE**. Antennes
ayant à peu près les trois quarts de la longueur du
corps et terminées en massue ovoïde. Globe de
l'œil velu. Ailes supérieures subtriangulaires, à
sommet tronqué, à bord costal très-peu courbé.
Bord externe sinueux, échancré, irrégulièrement
denté ; l'interne presque droit. Ailes inférieures
un peu obovales, à bord postérieur sinué, irrégulièrement et fortement denté, prolongé en forme
de queue plus ou moins longue à la troisième
nervure médiane. Cellule discoïdale ouverte. Quatre pattes ambulatoires. — Chenilles cylindriques,
hérissées de longues épines verticillées, à l'exception de la tête et du premier segment thoracique
qui en sont privés. Vit sur les chardons, l'ortie,
la chausse-trappe, etc. — Chrysalides anguleuses,

couvertes de tubercules d'or et d'argent, et quelquefois toutes dorées, souvent ornées de taches,
avec la tête profondément bifide.

V. ANTIOPA L., V. MORIO. Dessus des ailes d'un
brun rougeâtre très-foncé, imitant du velours, avec une
large bordure jaunâtre (blanchâtre chez les individus qui
paraissent au printemps), longée intérieurement par une
série de taches bleues. Dessous noirâtre-ondulé. Parure
très-riche. Corps de part et d'autre de la même couleur
que les ailes. Antennes noires, annelées de gris en dessous; sommité de la massue jaunâtre. Les deux pattes
antérieures noirâtres, les quatre autres d'un jaune obscur.
Insecte craintif, défiant, sur lequel il ne faut lancer de
filet qu'à coup sûr. 35-38^m. Bois, allées solitaires. Printemps. Juin-août. — Chenille noire, chargée d'épines
simples, avec des taches dorsales et les huit intermédiaires rouges. — Chrysalide noirâtre, saupoudrée de bleuâtre, avec des points ferrugineux.

V. IO L., V. PAON DE JOUR. Ailes rougeâtres en
dessus, avec une grande tache en forme d'œil nuancé sur
chacune; celui des supérieures rougeâtre au milieu et
entouré d'un cercle blanc, bleuâtre ou jaunâtre; celui des
inférieures noirâtre, avec des points bleus, renfermé
dans un cercle gris. Dessous d'un noir ondulé. Corps
noirâtre, garni en dessous de poils ferrugineux. Les antennes et les quatre pattes postérieures à peu près semblables, comme dans l'espèce précédente. Insecte remarquable par sa beauté. 25-28^m. Jardins, luzernes, bois,
chemins. Printemps. Juillet-septembre. — Chenille
d'un noir luisant, avec les épines simples, noires, et des
points blancs disposés en lignes transverses. Pattes postérieures ferrugineuses. Vit sur l'ortie. — Chrysalide
d'abord verdâtre puis brunâtre, avec des taches dorées.

V. POLYCHLOROS L., V. GRANDE TORTUE.

Ailes imitant de l'écaille, fauves en dessus, avec trois grandes taches noires au bord costal, et quatre plus petites sur le disque des supérieures ; une série de lunules bleues au bord externe, surtout aux inférieures. Celles-ci ont, en dessus, une grosse tache noire au bord supérieur. Dessous des quatre ailes brun, avec une portion plus claire au milieu. Un point blanchâtre ou brunâtre sur la partie la plus foncée. Dessus du corps garni de poils d'un vert roussâtre. Antennes brunes, annelées de blanc en dessous, avec la massue noirâtre terminée par du jaune. 30-33ᵐ. Bord des bois, chemins bordés d'arbres, jardins, etc. Printemps. Juin-août. Les individus pris au printemps sont ternes. — Chenille bleuâtre ou brunâtre, avec une ligne latérale orangée ; épines un peu branchues et jaunâtres. Vit sur l'orme, le cerisier, etc. — Chrysalides incarnates, avec des taches dorées près du col.

V. URTICÆ L., V. PETITE TORTUE.

Dessus des ailes d'un fauve vif ; les inférieures brunes à la base. Trois grandes taches noires au bord costal, trois petites sur le disque des supérieures, et une tache très-blanche vers l'angle apical. Les quatre ailes ont encore sur cette même face une série de petites taches bleues sur une bande brune, étroite. Dessous des inférieures brun, avec une large bande claire vers les deux tiers. Antennes annelées de blanc. 24-25ᵐ. Jardins, parterres, luzernes, etc. Toute la belle saison. — Chenille noirâtre, avec quatre lignes jaunâtres, dont deux le long du dos et une sur chacun des côtés. Vit en société sur l'ortie dioïque. — Chrysalide ordinairement brune, avec des taches dorées. On en trouve qui sont entièrement dorées.

G. 6. **ARGYNNIS** Fab., **ARGYNNE**. Tête assez large. Antennes brusquement terminées en massue pyriforme, creusée en cuillère en dessous. Palpes longs, divergents, poilus. Globe de l'œil glabre. Thorax ovoïde. L'abdomen, plus court que les ailes inférieures, est caché entièrement par la réunion des deux bords abdominaux, dans l'état de repos. Coloration fauve, maculée de noir en dessus; ailes inférieures munies en dessous de bandes ou de taches argentées. Cellule discoïdale ouverte. Quatre pattes ambulatoires. Papillons de haut vol, pour la plupart, à ailes à peine dentées. — Chenilles munies d'épines velues, dont deux seulement sur le premier anneau; celles-ci ordinairement plus longues et inclinées vers la tête. Vivent en général sur diverses espèces de violettes. — Chrysalides anguleuses, fortement cambrées et garnies sur le dos de deux rangées de tubercules aigus; souvent ornées de taches métalliques très-brillantes.

A. PANDORA Esp., A. PANDORE. (*Cardinal*). Dessus des ailes d'un fauve verdâtre, surtout chez la femelle, avec de nombreuses taches noires. Dessous des premières ailes en partie d'un beau rouge carmin. Dessous des inférieures glacé de vert-jaunâtre, avec des lunules et des bandes argentées. Une ligne de points argentés entre les bandes. Ce dessous varie quelque peu. Corps verdâtre en dessus, jaunâtre en dessous. Antennes brunes avec la massue noire et l'extrémité fauve. Outre la couleur qui est moins verte, le mâle diffère de la femelle par les quatre nervures du dessus des ailes supérieures qui sont beaucoup plus prononcées. 35-37^m. Sur les fleurs de plusieurs espèces de chardons. Juin-août.

A. PAPHIA L., A. TABAC D'ESPAGNE. Ailes d'un beau fauve en dessus, un peu verdâtre dans la femelle, avec plusieurs taches noires. Dessous des premières ailes glacé de vert à l'angle apical. Dessous des secondes glacé de la même couleur, avec plusieurs bandes argentées transverses, et un double rang marginal de points verts.

Outre la couleur des ailes, qui est celle du tabac d'Espagne, le mâle a, en outre, sur les ailes supérieures quatre
lignes noires très-prononcées. Dessus du corps fauve,
avec le dessous plus clair. Antennes brunes, avec la
massue noire à extrémité fauve. 35-37ᵐ. Bois, sur la
fleur des ronces et des chardons. Juin, juillet. — Chenille
brune, avec des taches jaunâtres le long du dos ; le premier anneau a deux épines grandes, fortes et presque
cylindriques ; celles des autres anneaux sont coniques :
le second en a également deux, les suivants chacun six,
et le dernier quatre. — Chrysalide grisâtre, avec plusieurs éminences dorées ; les anneaux ont des tubercules
arrondis, au lieu de pointes aiguës.

A. AGLAIA L., AGLAÉ. (*Grand nacré*). Dessus
des ailes d'un beau fauve, avec des lunules, des lignes
plus ou moins longues et larges, une bordure et des
points noirs ; nervures épaissies aux ailes supérieures
chez le mâle. Dessous des premières plus pâle, marqué de
noir comme le dessus, et ayant ordinairement de petites
taches argentées à l'angle apical. Dessous des secondes
ocre pâle, teinté de verdâtre, et portant vingt-une taches
argentées, dont une série forme un arc régulier le long
du bord postérieur. Corps fauve en dessus, plus pâle en
dessous. Antennes brunes, avec la massue noire et le bout
fauve. — La femelle plus grande et plus largement glacée
de vert en dessous. 25-29ᵐ. Clairières des bois, vallées
boisées : sur la fleur des ronces Juin-juillet. — Chenille
noirâtre, avec une rangée longitudinale de taches rousses,
carrées, sur les côtés, et une ligne plus pâle le long du
dos ; ses trois premiers anneaux et les deux derniers portent chacun quatre épines, les autres chacun six. — Chrysalide rousse, ondée de brun, avec les deux points de la
tête arrondis et les éminences du corps peu sensibles.

A. ADIPPE Esp., A. ADIPPÉ (*Nacré*). Presque
semblable à l'espèce précédente, dont elle diffère par

l'absence de taches argentées sous les premières ailes ; par le dessous des secondes non teinté de verdâtre, et ayant, outre les taches argentées, une série transverse de taches d'un rouge ferrugineux pupillées d'argent. 25-27^m. Grands bois, sur la fleur des ronces. Juin, juillet. — Chenille d'un rouge brique ou d'un vert olivâtre, suivant l'âge, avec une ligne dorsale blanche et bordée par des points noirs. Six rangées d'épines, dont une paire sur le premier anneau. — Chrysalide roussâtre, avec des taches argentées.

A. CLEODOXA Ochsenheimer. A. CLÉODOXA. Diffère de *A. Adippe* en ce que les taches argentées du dessous des secondes ailes sont absentes, sauf la pupille argentée des taches ferrugineuses qui persiste. Avec les deux précédents, et aux mêmes époques.

A. LATHONIA L., A. LATHONIA. (*Petit nacré*). Dessus des ailes, d'un fauve un peu terne, portant de nombreuses taches noires, avec le bord interne et le côté abdominal un peu verdâtres ou noirâtres. Secondes ailes ayant, en dessous, au bord postérieur, une série de grosses taches argentées de toutes formes, au-dessus de laquelle est une suite de taches rouilleuses pupillées d'argent, puis, au dessus, d'autres taches argentées, dont quelques-unes, surtout celle du milieu de l'aile, très-grandes. Angle apical ayant, en dessous, et quelquefois en-dessus, de petites taches argentées. 23-25^m. Chemin, jardins, luzernes, bois, etc. Été et automne. — Chenille d'un brun grisâtre, avec une ligne blanche le long du dos, et ayant soixante épines, dont quatre sur le premier et le dernier anneau, six sur chacun des autres, celles des deux premiers plus courtes, celles des anneaux du milieu plus longues. — Chrysalide grisâtre à sa partie antérieure, verdâtre à sa partie postérieure, avec des taches dorées sur le corps et les points de la tête arrondis.

A. EUPHROSYNE Godart, A. COLLIER ARGENTÉ. Dessus des ailes d'un fauve un peu clair, avec de nombreuses taches noires. Dessous des ailes inférieures d'un fauve rougeâtre rouilleux, avec une rangée régulière de sept taches argentées, très-obscurément surmontées d'arcs noirs au bord postérieur. Au-dessus se voit une ligne de points noirs. Au centre de l'aile est une tache argentée oblongue, à cheval sur une bande de taches jaunâtres placées vers les deux tiers de l'aile. Une autre tache argentée, avec quelques taches jaunâtres, près de la base. On voit encore un petit point noir au centre d'un pentagone fauve-rougeâtre, situé au-dessus de la tache argentée qui occupe le centre de l'aile. Corps noirâtre en dessus, grisâtre en dessous, avec la poitrine et le thorax couverts de poils verdâtres. Antennes noires, annelées de blanc; extrémité de la massue roussâtre. 20-22^m. Clairières des bois, prés entourés de bois. Mai et fin juillet. — Chenille noire, avec deux bandes orangées dorsales et maculaires; vraies pattes rouges.

A. DIA Godart, A. PETITE VIOLETTE. Dessus des ailes fauve, avec de nombreuses taches noires. Dessous des supérieures ayant, au bord externe, des taches jaunes et violettes. Dessous des inférieures d'un violâtre-vineux, avec quelques taches jaunes. Le bord postérieur est longé par une série de taches argentées triangulaires, puis, un peu plus haut, se voit une ligne de points violacés foncés, quelquefois légèrement pupillés d'argent. Une ligne violâtre, brillante, traverse l'aile vers son milieu, et, au-dessus, une ligne de taches argentées irrégulières, avec d'autres plus petites, placées à la base. Corps noir en dessus, avec le dessous d'un gris pourpre. Antennes brunes, avec la massue noire terminée par un point fauve. 15-16^m. Bois, taillis, vallées herbeuses. Mai-août. — Chenille grise, avec des rangées d'épines alternativement blanches et rougeâtres. — Chrysalide jaunâtre variée de noir.

A. SÉLÉNÉ Fab., A. PETIT COLLIER ARGENTÉ. Dessus comme le précédent. Bord postérieur des secondes ailes terminé, en dessous, par un rang de six à sept taches argentées, triangulaires, dont les lignes qui bordent l'angle du sommet sont noires et bien marquées. Au-dessus est une bande fauve coupée par une étroite bande jaune, et portant des points noirs. Vers le milieu de l'aile est une bande transverse de taches jaunes et argentées, au-dessus de laquelle se voit une bande fauve dont le milieu, formant un polygone au moyen des nervures, porte un gros point noir. Des taches jaunes et des taches argentées à la base de l'aile. 18-20^m. Avec les deux précédents, et aux mêmes époques. — Chenille différant peu de celle de A. *Euphrosyne*.

G. 7. **MELITÆA** Fab., **MÉLITÉE**. Tête petite. Antennes plus courtes que le corps. Globe de l'œil glabre, non saillant. Palpes divergents, poilus, hérissés. Bouton des antennes court, un peu aplati en dessous. Abdomen dépassant la gouttière à l'état de repos. Ailes supérieures presque triangulaires; les inférieures abovales, entières. Cellule discoïdale ouverte. Quatre pattes ambulatoires. Coloration fauve, maculée de noir, rarement de rougeâtre et de jaunâtre en dessus; taches argentées nulles sous les ailes. Vol planant, rapide, mais bas et peu soutenu. — Chenilles munies de tubercules charnus, cunéiformes et couverts de poils courts et raides. Vivent communément sur les plantains. — Chrysalides obtuses antérieurement, avec six rangées de points verruqueux sur le dos, sans taches métalliques.

M. DIDYMA Fab., M. DIDYMA. Dessus des ailes d'un fauve ardent (mâle) ou pâle (femelle), maculé de noir, mais non réticulé, les nervures n'étant pas apparentes. Dessous des inférieures jaune ou jaunâtre, ponctué de noir, avec deux bandes transverses fauves entre des traits et des arcs noirs. Frange blanche et noire en dessus, jaune et noire en dessous. Dessous du corps jaunâtre : le dessus noirâtre, avec les anneaux inférieurs blanchâtres et l'extrémité de l'abdomen roussâtre. 20-22^m. Lieux herbeux, allées des bois, Mai, juin, septembre. — Chenille d'un bleuâtre pale, avec les épines du dos et du bas du corps jaunâtres, les épines intermédiaires fauves. Chaque anneau porte une bande noire ponctuée de blanc, et, près des pattes, est une ligne blanchâtre, longitudinale, sur laquelle sont alignés des tubercules jaunâtres. Tête fauve, avec une ligne noire sur le milieu. — Chrysalide obtuse, épaisse, d'un gris blanchâtre, avec des points fauves et quelques mouchetures noires.

M. CINXIA L., M. CINXIA. Dessus des ailes fauve, réticulé de noir. Cases fauves anté-marginales, au bord postérieur des secondes ailes, marquées d'un point noir dans leur milieu. Dessous des premières ailes d'un fauve terne avec quelques taches noires pâles : jaune, avec des taches noires à l'angle apical. Dessous des inférieures jaune ou jaunâtre, avec deux bandes fauves limitées par des arcs noirs, dont l'anté-marginale, au bord postérieur, est marquée de points noirs correspondant à ceux du dessus ; la supérieure sans tache. Une tache jaune, basilaire, marquée de trois points noirs. Frange blanche et noire en dessus, jaunâtre et noire en dessous, surtout aux ailes supérieures. 22-24^m. Bois, allées des bois, pelouses. Mai, juin, août. — Chenille noire, avec des anneaux de points blancs, des épines d'un rouge orangé, blanches à la pointe, celles du cou se dirigeant en avant : les deux anneaux suivants en ont quatre sur chacun, les suivant cinq et le dernier trois. — Chrysalide courte, ramassée, grisâtre avec des aspérités noires.

M. ARTEMIS Hubner, M. ARTEMIS. Dessus des ailes réticulé, ayant des taches noires, jaunâtres et fauves. Ailes inférieures ayant, au bord postérieur, une bande antémarginale fauve, dont les cases portent chacune un point noir qui se voit, ombré de jaune, sous les ailes. Dessous des quatre ailes fauve et jaunâtre, terne. Les inférieures offrent, en dessous, des bandes fauves et jaunâtres transverses. La tache jaunâtre de la base de l'aile ne porte pas de points noirs comme dans l'espèce précédente. 17-18^m. Bois. Mai, juin. — Chenille ayant la partie supérieure du dos et des épines noire, la partie inférieure jaunâtre ; le dos et chacun des côtés présentent une ligne longitudinale de très-petits points blancs. Tête noire. Pattes d'un rouge brun. — Chrysalide d'un blanc verdâtre, avec des points noirs, et un grand nombre de petits tubercules jaunes vers l'extrémité du corps.

M. PHŒBE Fab., M. PHŒBÉ. Dessus des quatre ailes réticulé, ayant des cases noires, fauves, et quelques-unes un peu jaunâtres, sans points noirs sur les cases antémarginales du bord postérieur des secondes ailes. Frange blanche et noire en dessus. Dessous des secondes ailes jaunâtre, avec deux bandes fauves limitées par des arcs noirs, dont celle antémarginale, assez pâle, porte sur ses cases, des points d'un fauve assez vif ; la bande supérieure se laisse pénétrer par l'une des taches jaunâtres de la base ; l'une de ces dernières porte, comme dans *M. Cinxia*, deux ou trois points noirs. 22-24^m. Allées des bois, prairies. Mai-juillet.

M. ATHALIA Borkausen, M. ATHALIE. Ailes réticulées de fauve et de noir en dessus, le noir dominant sur les inférieures. Dessous des quatre ailes ayant le bord postérieur et le bord extérieur limité par deux lignes noires fines, rapprochées, parallèles dans toute leur étendue. Dessous des inférieures jaunâtre, avec des bandes fauves limitées par des arcs noirs. La bande fauve la plus rapprochée de la base renferme ordinairement deux taches jaunes circonscrites de noir. Palpes à poils d'un brun obscur presque noir. Frange noire et d'un

blanc sale en dessus. 16-18ᵐ. Pelouses, clairières des
bois. Mai-août. — Chenille noire, à épines couleur de
rouille.

M. PARTHENIE Bork., M. PARTHÉNIE. Difficile
à distinguer de l'espèce précédente. Le dessous des ailes
est presque semblable. Le dessus offre des réticulations
de forme plus allongée, des lignes noires plus étroites;
les ailes inférieures sont moins obscurcies de noir en
dessus, le fauve y domine davantage. Les ailes supérieures sont proportionnellement plus étroites et la taille
générale un peu plus exiguë. *Palpes un peu roux en
dessus*; frange d'un blanc plus pur que dans l'espèce précédente. 13-14ᵐ. Coteaux découverts, secs, exposés au
midi. Mai-août. — Chenille noire, épineuse, avec des
points blancs peu dictincts, et des poils fins de cette couleur; elle a, sur chaque côté, une série de taches jaunâtres
peu indiquées. — Chrysalide obtuse, petite, d'un gris
cendré, avec deux rangs de points ferrugineux sur la
partie postérieure du corps.

G. 8. **LIMENITIS** Och., **LIMÉNITE.** Antennes de la longueur du corps, s'épaississant graduellement en massue allongée. Globe de l'œil
glabre. Palpes divergents. Corselet peu robuste,
court. Abdomen grêle et assez long. Ailes légèrement sinuées et dentelées. Cellule discoïdale ouverte. Quatre pattes ambulatoires. Coloration
générale brune ou d'un bleu-noir, avec des taches
blanches en dessus. Vol planant. — Chenilles à
tête cordiforme, avec le corps garni d'épines rameuses ou de tubercules épineux. — Chrysalides
anguleuses, auriculées antérieurement, et portant
sur le dos une protubérance très-prononcée et
comprimée latéralement.

L. SYBILLA Fab., L. PETIT SYLVAIN. Ailes
d'un brun noir en dessus, avec une bande maculaire blanche sur les quatre. Dessous d'un rouge brique, avec les
taches du dessus; les inférieures ayant leur base et le côté
abdominal d'un cendré bleu, avec *deux lignes* de points
noirs, au bord postérieur, qui se voient en dessus. —
Femelle plus grande, à angle anal marqué ordinairement,
en dessus, de deux points noirs bordés de roux. Dessus
du corps d'un brun noirâtre, avec le dessous d'un gris
cendré. Dessus des antennes noir, avec le sommet ferrugineux; dessous ferrugineux, avec la base noirâtre.
27-28^m. Bois. Juin-août. — Chenille d'un vert tendre.
avec une raie blanche latérale, placée immédiatement au-
dessus des fausses pattes et s'étendant sur les derniers
segments. Chaque anneau, le premier et le quatrième
excepté, est armé sur le dos de deux épines rameuses,
très courtes sur les sixième, septième, huitième, neu-
vième et douzième anneaux, et plus longues sur les autres,
principalement sur le cinquième. Deux rangées d'épines
semblables et encore plus courtes que les premières, se
voient de chaque côté du corps. Toutes ces épines sont
vertes à la base, couleur de rouille dans le reste de leur
longueur, et hérissées de poils noirs. Tête en forme de
cœur renversé, épineuse sur ses bords, rugueuse sur le
reste de sa surface, d'un brun ferrugineux ainsi que les
vraies pattes; fausses pattes vertes. Fin mai, sur le chèvrefeuille des bois. — Chrysalide anguleuse, dont la tête
se termine par deux appendices en forme d'oreilles, d'un
brun vert et comme vernisée, ornée de taches dorées.

L. CAMILLA Fab., L. SYLVAIN AZURÉ. Dessus
des ailes d'un noir bleu chatoyant, avec une bande maculaire blanche sur les quatre. Dessous rougeâtre. Base des
secondes ailes n'étant pas, comme dans *L. Sybilla*, d'un
bleu cendré. *Une seule série de points noirs*, en dessus
et en dessous, vers le bord postérieur. — Femelle un peu
plus grande, à taches blanches plus étendues. 25-27^m.
Avec le précédent. Paraît quelquefois dans les jardins.

Mai-aoùt. — Chenille d'un vert pâle sur le dos et sur les côtés, rougeâtre sous le ventre, avec une raie blanche latérale, bordée de pourpre, qui sépare les deux nuances. Tubercules de couleur pourpre, hérissés d'épines rayonnantes à leur extrémité et de couleur noirâtre. Tête en forme de cœur renversé, d'un brun ferrugineux, ainsi que les vraies pattes; fausses pattes rougeâtres. Fin avril et juillet, sur le chèvrefeuille. — Chrysalide sombre, d'un brun terreux, sans taches métalliques, de même forme que celle de *L. Sybilla*.

G. 9. **APATURA** Fab., **APATURE**. Antennes de la longueur du corps, s'épaississant insensiblement en massue allongée. Globe de l'œil glabre. Palpes connivents. Corselet robuste, presque aussi long que l'abdomen. Tête un peu plus étroite que le thorax. Ailes supérieures sinuées, les inférieures denticulées. Cellule discoïdale ouverte. Quatre pattes ambulatoires. Les quatre ailes sont ornées de taches ocellées, avec un reflet violet chatoyant, très-vif, chez les mâles. — Chenilles en forme de limace, avec la tête surmontée de deux cornes épineuses et de deux petites pointes connivents à la partie anale. — Chrysalides comprimées latéralement, avec le dos bombé, caréné, et la tête bifide.

A. ILIA Fab., A. PETIT MARS. Ailes d'un brun noir en dessus, variant quelquefois par une teinte fauve ou jaunâtre. (*Petit Mars orangé*). Les supérieures avec des taches blanches ou orangées, dont trois apicales, et un œil cerclé de ferrugineux près du bord. Les inférieures avec un œil cerclé de la même couleur, près de l'angle anal. Dessous des supérieures avec une tache fauve à l'angle apical et les taches du dessus; quatre points noirs disposés en carré, vers la base. Les inférieures avec une bande

4

blanchâtre et l'œil du dessus. — Femelle plus grande, sans reflets violets. Insecte remarquable par l'effet chatoyant de ses ailes. 30-32^m. Lieux plantés de saules et de peupliers, particulièrement sur le bord des ruisseaux. Juin, juillet. Il faut bien des précautions pour prendre cette belle espèce, qui ne vole que pendant environ trois semaines et qui est très-sauvage. — Chenille d'un vert tendre, chagriné de jaune ou de blanchâtre, avec la tête plate, surmontée de deux cornes un peu plus longues qu'elle, divergentes, bifides, rougeâtres à leur extrémité, jaunes en dessus, vertes en dessous. Mandibules jaunes. Le corps offre, de chaque côté, à partir du milieu de la partie anale, cinq lignes obliques, tantôt jaunes, tantôt blanches. On voit en outre, sur le cou, deux lignes parallèles jaunes, portant des cornes, et se prolongeant jusqu'au cinquième anneau. Pattes et dessous du corps d'un vert bleuâtre ; pointes de la queue jaunes. Vit au sommet des saules et des peupliers. — Chrysalide d'un vert pâle, tirant sur le bleuâtre dans sa partie inférieure, avec la carène, les deux cornes de la tête et le bord de l'enveloppe des ailes, blanchâtres ou d'un jaune clair.

---

§ II. Six pattes ambulatoires dans les deux sexes.

A. Cellule discoïdale fermée.

F. III. Papilionides.

Massue des antennes plus ou moins longues et un peu courbée en dehors. Six pattes ambulatoires dans les deux sexes ; crochets des tarses très-apparents. Cellule discoïdale des ailes inférieures fermée. Bord interne des deux ailes inférieures échancré, concave, n'embrassant pas l'abdomen en dessous, dans le repos. — Chenilles cylindriques, portant sur le cou un tentacule rétractile en forme d'Y. — Chrysalides anguleuses, au moins dans leur partie supérieure, attachées d'abord par la queue, et retenues par un lien transversal au milieu du corps. (*Succintes*).

G. 10. **PAPILIO** L., **PAPILLON**. Tête grosse; yeux saillants. Palpes ne dépassant pas les yeux. Antennes plus courtes que le corps, à massue arquée. Ailes inférieures à bord abdominal concave, un peu relevé en dessus, terminé par une queue. Cellule discoïdale fermée. Six pattes ambulatoires. — Chenilles épaisses, cylindriques ou amincies antérieurement, avec le premier anneau toujours pourvu d'un tentacule fourchu, rétractile; tête assez petite, arrondie. Corps glabre. — Chrysalides sans taches métalliques, à tête quelquefois bifide.

P. PODALYRIUS L., P. FLAMBÉ. Ailes d'un jaune pâle, avec des bandes noires transverses. Angle anal orné d'une queue à extrémité jaune, et d'un grand œil noir, bleu et ferrugineux. Bord postérieur des ailes muni de plusieurs taches bleues. 35-38^m. Un peu partout. Mai-août, septembre. — Chenille lisse, très renflée en avant et atténuée en arrière; sa couleur varie du vert gai au jaune roussâtre, avec les teintes intermédiaires. Vit sur le pêcher, l'aubépine, etc. — Chrysalide roussâtre, un peu arquée avec la tête bifide.

P. MACHAON L.. P. MACHAON. (*Grand porte-queue*). Ailes jaunes à nervures noires. Ailes supérieures noires et sablées de jaune à la base, avec des taches noires au bord costal, et une bordure noire au côté externe, ornée de plusieurs lunules jaunes. Les inférieures ont des lunules jaunes bordées de noir, le long du bord postérieur, et, au-dessus, une large bande noire portant de larges taches bleues. Queue noire à l'extrémité. **Angle anal** ayant une grosse tache fauve surmontée de bleu ou de violacé. 40-43^m. Champs, bois. Facile à prendre lorsqu'il suce les fleurs du cirse sans tige. Juin-août. — Chenille d'un beau vert, avec des anneaux d'un noir de velours, alternativement ponctués de rouge fauve. Elle vit sur le fenouil, la carrotte et autres ombellifères. — Chrysalide tantôt verte, tantôt grisâtre, avec une bande latérale jaune.

F. IV. Piérides.

Tête de grosseur médiocre. Six pattes ambulatoires dans les deux sexes. Cellule discoïdale fermée. Une gouttière plus ou moins profonde. Angle anal non terminé en queue.— Chenilles légèrement pubescentes, assez grêles, atténuées aux deux extrémités. — Chrysalides anguleuses, un peu comprimées, terminées en pointe à chaque extrémité.

G. 11. **LEUCONÆA** Duponchel. **LEUCONÉE.** Antennes presque aussi longues que le corps, à tige noire et à massue fusiforme. Palpes hérissés. Pattes longues et robustes. Les quatre ailes arrondies et sans frange; les deux tiers antérieurs des supérieures presque dégarnis d'écailles et semi-transparents dans la femelle seulement. — Chenilles velues sur le dos, vivant sur les arbres. — Chrysalides à angles arrondis, et terminées, antérieurement, par une pointe mousse.

L. CRATÆGI L., L GAZÉE. Antennes noires. Nervures noires, devenant rousses dans la femelle. Ailes blanches bordées tout autour par une ligne noire. 32-33^m. Prés, blés fleuris, etc. Facile à prendre. Mai, juin. — Chenille d'abord noire, puis se garnissant de poils jaunes et blancs, courts. Entre ces poils on voit trois lignes noires longitudinales, une sur le dos, les autres de chaque côté du ventre. Poils du ventre grisâtres. Se nourrit de feuilles d'aubépine et de prunier sauvage. — Chrysalide jaune ou blanche, quelquefois de ces deux couleurs, avec de petites raies et des points noirs.

G. 12. **PIERIS** L., **PIÉRIDE**. Tête médiocre. Palpes hérissés de poils raides. Antennes *aussi longues que l'abdomen ou un peu plus longues,* terminées en massue comprimée, obconique. Abdomen grêle, ne dépassant pas l'angle anal. Ailes inférieures n'embrassant que peu l'abdomen. Cellule discoïdale fermée. Fond des ailes blanc. — Chenilles cylindriques, allongées, pubescentes, marquées de raies longitudinales, et munies de petits granules plus ou moins visibles. Tête petite, arrondie. — Chrysalides anguleuses, terminées antérieurement par une seule pointe plus ou moins longue, tantôt lisses, tantôt pourvues de tubercules.

P. NAPI Godard., P. DU NAVET. (*Veiné de vert*). Se reconnaît facilement aux ailes inférieures qui sont jaunâtres et fortement nerviées de verdâtre ou de noirâtre en dessous. Les supérieures ont, en dessus, l'angle apical noir ainsi que l'extrémité des nervures. La femelle a, en plus, un point noir sur les mêmes ailes, et une tache noire au bord supérieur des secondes ailes, en dessus. 22-23ᵐ. Jardins, prés, etc. Printemps, été. — Chenille pubescente, d'un vert obscur sur le dos, plus clair sur les côtés, avec les stigmates roux, placés sur une petite tache jaune. — Chrysalide d'un jaune grisâtre ou d'un jaune verdâtre, pointillée de noir.

P. DAPLIDICE L., P. DAPLIDICE (*Marbré de vert*). Angle apical taché de noir et de blanc en dessus, de vert en dessous. Ailes supérieures ayant, en dessus, vers le milieu du bord costal, une grosse tache noire, carrée, coupée perpendiculairement par un trait blanc, fin, sinueux, représentée en dessous, mais verte ou en partie verte. Dessous des inférieures d'un vert jaunâtre, avec cinq ou six taches blanches le long du bord postérieur ; une bande blanche traversant l'aile vers son tiers et d'autres taches, également blanches, dont l'une, ronde, presque au centre, et d'autres près du bord supérieur. — Femelle ayant plusieurs taches noires sur les ailes inférieures, qui sont entièrement blanches en dessus chez les mâles. 24-26^m. Prés, blés en fleurs. Printemps ; mai-juillet. — Chenille d'un cendré bleuâtre, couverte de petits granules noirs, avec quatre raies longitudinales blanches, marquées, à chaque incision, d'une tache d'un jaune citron ; le ventre et les taches sont blanchâtres, avec une tache jaune au-dessus de chacune d'elles. Vit sur les crucifères. — Chrysalide grisâtre, pointillée de noir, avec quelques raies roussâtres.

P. BRASSICÆ L., P. DU CHOU. Dessus des ailes d'un beau blanc, avec l'angle apical noir. Dessous des supérieures à angle apical jaunâtre, avec deux taches noires sur le disque ; dessous des inférieures d'un jaune pâle un peu sablé de noir. — Femelle un peu plus grande, avec deux taches noires, rondes, sur le disque des premières ailes, et une tache de même couleur, allongée, au bord inférieur. 33-35^m. Un peu partout dans la belle saison. — Chenille d'un vert jaunâtre, ou d'un jaune un peu verdâtre, avec trois raies jaunes longitudinales, séparées par de petits points noirs un peu tuberculeux, surmontés d'un poil blanchâtre. Tête bleue piquée de noir. Vit sur les choux et autres crucifères. — Chrysalide d'un cendré blanchâtre, tachetée de noir et de jaunâtre.

P. RAPÆ L., P. DE LA RAVE. A peu près semblable à l'espèce précédente, mais plus petite, avec les taches noires de l'angle apical et du disque nébuleuses.

plus ternes. Le mâle a au moins une tache noire sur le disque des ailes supérieures, tandis que l'espèce précédente n'en a jamais. Le dessous des inférieures est d'un jaune pâle. — Chenille verte, pubescente, avec trois lignes jaunes, dont une dorsale et une de chaque côté au-dessus des pattes, souvent interrompue. Vit sur les crucifères. — Chrysalide d'un cendré plus ou moins pâle, ponctuée de noir et souvent lavée d'incarnat.

G. 13. **ANTHOCHARIS** Boisduval, **ANTHOCHARIS.** Tête presque aussi large que le corselet. Palpes hérissés jusqu'au bout. Antennes terminées en massue ovoïde-aplatie, *plus courtes que l'abdomen.* Ailes minces, à gouttière peu prononcée, blanches en dessus, quelquefois largement tachées d'aurore; les inférieures toujours marbrées de vert ou de jaunâtre en dessous. — Chenilles minces, pubescentes, assez fortement atténuées aux extrémités. — Chrysalides nues, naviculaires, carénées, dépourvues de pointes latérales.

A. CARDAMINES L., A. DU CRESSON. (*Aurore*). Se reconnaît aisément à une large tache aurore, ayant un point noir au milieu, aux ailes supérieures. La femelle n'a point cette tache aurore, mais elle conserve comme le mâle, le point noir, l'angle apical noir, et le dessous des ailes inférieures marbré de blanc, de vert et de jaune. 20-22ᵐ. Prés. Avril, mai. — Chenille verte, légèrement pubescente, très-finement pointillée de noir, avec une raie blanche qui se fond insensiblement par en haut avec la couleur verte. Vit sur les crucifères. — Chrysalide d'abord verte, puis d'un gris jaunâtre, avec des stries plus claires. Elle est effilée aux deux extrémités et fortement arquée.

A. BELIA Fab., A BELIA. Dessus des ailes blanc. Angle apical avec des taches noires en dessus, vertes en dessous. Bord costal très-pointillé de brun. Une tache noire, oblongue, située près du bord costal, vers son milieu, et portant quelquefois, en dessus, une faible tache blanche; cette tache noire se voit en desssous où elle porte un léger croissant blanc. Dessous des ailes inférieures vert, avec de nombreuses taches blanches, de toutes formes et de toute grandeur, un peu luisantes. 20-21ᵐ. Çà et là. Mars, avril.

·A͏. AUSONIA Hubner, A. AUSONIA. Se distingue de l'espèce précédente en ce que l'angle apical est jaunâtre, et non vert, en dessous. Le bord costal est peu ou point pointillé de noir. Le dessous des ailes inférieures est d'un jaune verdâtre, et les taches blanches y sont peu ou point brillantes. Sa taille est plus grande. Il est plus tardif. 22-23ᵐ. Mai, juin, autour des champs de blé en fleurs. — Chenille pubescente, jaune, ponctuée de noir, avec des lignes longitudinales bleues ; les lignes latérales sont bordées, en dessous, par une ligne blanche. Vit sur les crucifères. — Chrysalide verte, effilée aux extrémités, avec la partie antérieure du corps d'un pourpre violet.

G. 14. **LEUCOPHASIA** Stephens, **LEUCOPHASIE**. Yeux saillants. Palpes écartés, plus longs que la tête, hérissés antérieurement. Antennes courtes, à bouton aplati. Abdomen très-grêle, dépassant l'angle anal. Ailes minces, étroites. Cellule discoïdale fermée, petite, située près de la base de l'aile. Six pattes ambulatoires. Gouttière peu prononcée. — Chenilles très-légèrement pubescentes, effilées, assez fortement atténuées aux extrémités. —Chrysalides anguleuses, non arquées, à segments mobiles.

L. SINAPIS L.. L. DE LA MOUTARDE (*Blanc de lait*). Ailes d'un beau blanc, à angle apical ordinairement noir. Dessous des secondes ailes d'un blanc jaunâtre ou grisâtre, souvent sablé de noir. Insecte grêle, volant très-bas et très-lentement. Cette espèce offre quelques variations ; on la rencontre parfois entièrement blanche. C'est alors *L. Erysimi* Bork. 18-19ᵐ. Bois. Mai, juillet et août, quelquefois en automne. — Chenille verte, avec le dos un peu plus obscur, et une raie latérale jaune au-dessus des pattes. Vit sur diverses papilionacées. — Chrysalide d'abord d'un vert jaune, puis d'un gris blanchâtre, avec des traits roux ou ferrugineux sur les côtés et sur l'enveloppe des ailes.

G. 15. **RHODOCERA** Boisd., **RHODOCÈRE.** Tête petite. Palpes très-comprimés, munis de poils courts. Antennes plus courtes que l'abdomen, s'épaississant graduellement de la base au sommet. Ailes dépourvues de frange ; les supérieures à angle apical curviligne, les inférieures munies d'une dent au bord postérieur. Cellule discoïdale fermée. Gouttière très-peu prononcée. Six pattes ambulatoires. — Chenille allongée, chagrinée, ridée transversalement, pubescente, convexe en dessus, plate en dessous. — Chrysalide arquée, ayant la partie pectorale et alaire très-ventrue, et la tête terminée par une pointe courbe très-aiguë.

R. RHAMNI L., R. CITRON. Ailes d'un jaune citron uniforme (mâle), ou d'un jaune verdâtre pâle (femelle), avec un point orangé sur les quatre, ocreux en dessous. Nervures terminées par un petit point brun. Antennes roses, avec le bout d'un brun obscur. Thorax et base de l'abdomen munis de longs poils soyeux argentés. 25-26ᵐ. Prés, bois, jardins, etc. Toute l'année quand il fait beau. — Chenille verte, finement chagrinée de noirâtre, avec une raie latérale blanche ou d'un vert pâle, fondue supérieurement avec la teinte générale. Vit sur la bourdaine. — Chrysalide verte, avec quelques points ferrugineux.

G. 16. **COLIAS** Fab., **COLIADE**. Yeux saillants. Palpes comprimés, contigus. Antennes à peu près de la longueur de l'abdomen, se terminant insensiblement en massue obconique. Ailes à angles arrondis. Gouttière grande. Cellule discoïdale fermée. Six pattes ambulatoires. Coloration jaune. — Chenilles rases, légèrement pubescentes, un peu atténuées aux extrémités. — Chrysalides carénées en dessus, non arquées, terminées antérieurement par une pointe droite.

C. HYALE L., C. SOUFRE. Ailes d'un jaune soufre, les supérieures ayant l'angle apical et le bord externe noirs tachés de jaune. Un point noir, rond, sous le bord costal. répercuté en dessous. Un gros point aurore vers le milieu des inférieures, en dessus; ce point est quelquefois formé de deux points accolés. Dessous des secondes ailes marqué, au milieu, d'un point blanc-argenté. cerclé de rose, et auquel est accolé un autre point semblable. plus petit. Frange rose. — Femelle plus pâle que le mâle. 25-26ᵐ. Prés, luzernes, etc. Mai, août, automne

C. EDUSA L.. C. SOUCI. Dessus des ailes d'un jaune souci, avec une bordure noire, interrompue seulement par les nervures dans le mâle, maculée de jaune chez la femelle. Un point noir, rond. visible aussi en dessous. Dessus des inférieures saupoudré de noir verdâtre, le disque ayant un gros point aurore, auquel correspond, en dessous, un gros point blanc-argenté, entouré de rose, auquel est accolé un autre point semblable. plus petit. Le dessous des supérieures a quelques points noirs vers le bord externe. Frange des ailes supérieures rose. 27-28ᵐ. Avec le précédent.

B. Cellule discoïdale ouverte.

F. V. Lycénides.

Antennes à tige annelée de blanc et terminées par une massue allongée. Palpes dépassant beaucoup la tête. Globe de l'œil oblong, cerné de blanc. Thorax robuste. Une gouttière cachant l'abdomen à l'état de repos. Six pattes ambulatoires. Insectes de petite taille. — Chenilles en forme de cloportes, pubescentes, à tête petite et rétractile; pattes extrêmement courtes. — Chrysalides contractées, obtuses aux deux bouts, à segments immobiles, succintes.

G. 17. **LYCÆNA** Boisd., **LYCÈNE**. Antennes terminées en massue pyriforme, aplatie à son extrémité. Palpes longs, courbes. Tarses minces, d'une seule couleur. Ailes inférieures arrondies à l'angle anal, presque toujours dépourvues de queue. Cellule discoïdale ouverte. Une gouttière. Six pattes ambulatoires. Coloration le plus souvent bleue en dessus chez les mâles, souvent brune chez les femelles. Ailes inférieures presque toujours munies en dessous de points noirs ombrés de blanc, très-rarement ondées. — Chenilles en ovale allongé, épaisses, vivant sur les légumineuses. — Chrysalides allongées, un peu déprimées sur le dos.

✠ Ailes inférieures munies d'une queue très-fine.

L. BŒTICA L., L. STRIÉ. Dessus des ailes d'un beau bleu violet changeant dans les mâles, brun avec le milieu du disque bleu dans les femelles. Dessous des ailes café au lait clair, ondé de lignes blanches. Les inférieures

ayant, au-dessus de la queue , deux ou trois points noirs
cerclés de blanc ou de roux , visibles en dessus, mais
surmontés d'un arc fauve, et munis d'une pupille à éclat
métallique. 13-14ᵐ. Bois, jardins. Sur la gesse sauvage
et autres papilionacées. Juillet, août. — Chenille d'un
vert plus ou moins foncé , avec le dos jaspé de rouge.
Vit dans la cosse où elle a pris naissance. — Chrysalide
jaunâtre, avec cinq rangées de points noirâtres le long
du dos. Des points semblables sur les anneaux du ventre.

L. AMYNTAS Fab., L. AMYNTAS. (*Petit porte-
queue*). Dessus des ailes d'un bleu violet, avec le bord
postérieur noir dans le mâle ; noirâtre avec deux petites
taches aurore, marquées d'un point noirâtre, sur les
secondes ailes, près de la queue , dans la femelle. Dessous
d'un gris perle avec la base un peu bleuâtre. Deux séries
de points noirs, un peu effacés, le long du bord externe,
puis, au tiers de l'aile , un rang de points noirs ocellés,
enfin un trait un peu courbe vers le milieu , en se rappro-
chant du bord costal, sous les premières ailes. Dessous
des secondes ayant au bord postérieur quelques points
noirs, dont deux plus marqués, vers l'angle anal, surmontés d'aurore. Une ligne de très-petits points noirs
traversant l'aile vers son tiers ; enfin d'autres petits points
noirs vers la base de l'aile. 12-14ᵐ. Clairières herbeuses
des bois. Juillet, août.

╬ Ailes inférieures dépourvues de queue.
  A Dessous des secondes ayant, au bord postérieur,
    une bande fauve ou des taches de cette couleur
    disposées en ligne.
    + Frange d'une seule couleur.
    · Dessous des ailes supérieures ayant un ou deux
      points noirs non loin de la base.

L ICARUS Rott., L. ALEXIS. Dessus des ailes
d'un bleu violet. finement bordé de noir ; dessous d'un

gris cendré; les inférieures d'un bleu verdâtre à la base; toutes munies de nombreux points noirs ocellés sur le disque, et de taches fauves sur les bords. — Dessus des ailes des femelles brun, souvent saupoudré de violet, avec une série antémarginale, au bord postérieur et au bord externe, de taches fauves, plus distinctes aux inférieures où elles sont souvent accompagnées d'un point noir surmonté d'un arc bleu. Dessous des quatre ailes café au lait, plus foncé que dans le mâle. 14-16^m. Prés, luzernes, etc. Mai, octobre. — Chenille duveteuse, verte, avec le dos plus foncé, et des points blancs de chaque côté. — Chrysalide d'un gris brun, avec le bord postérieur de l'enveloppe des ailes plus obscur.

*ː Dessous des premières ailes dépourvu de points noirs vers la base.

L. ARGUS L., L. ARGUS. Ailes d'un bleu violet avec une bordure noire, *étroite*, n'empiétant pas sur le bleu de l'aile. Dessous d'un gris un peu roux, à peine glacé de verdâtre à la base, avec une bande antémarginale de taches fauves, munies de points noirs à pupille métallique très distincte sur les taches des secondes ailes. Points noirs du disque des quatre ailes ocellés, un peu plus petit sous les inférieures que sous les supérieures. — Femelle à ailes brunes en dessus, souvent saupoudrées de bleu à la base, avec une série antémarginale de taches fauves. Dessous presque brun, avec les dessins plus vifs que dans le mâle. 13-14^m. Prairies, bois, taillis. Juin, juillet. — Chenille pubescente, d'un vert brunâtre, avec des lignes ferrugineuses, dont une le long du dos, les autres transverses et bordées de blanc. Tête et pattes écailleuses noires. — Chrysalide d'un brun verdâtre, avec le bord postérieur de l'enveloppe des ailes et les dernières incisions du corps, ferrugineux.

L. ÆGON. Hubn., L. ÆGON. Dessus des ailes d'un bleu violet avec une bordure noire, assez large, insensi-

blement fondue avec la couleur du disque. Dessous cendré, glacé de bleu verdâtre jusqu'au quart du disque
environ, avec une série antémarginale de taches fauves,
formant une bande interrompue, dont quelques-unes,
au bord postérieur des secondes ailes, surmontent une
tache noire faiblement pupillée d'un point métallique.
Points noirs du dessous des ailes ocellés, *gros*, surtout
aux premières ailes. Dessus de la femelle brun, sablé
de bleu seulement à la base, avec une série de taches
fauves au bord des quatre ailes, en dessus. Devance l'apparition du précédent, auquel il ressemble beaucoup,
d'environ quinze jours, et se trouve aux mêmes lieux.
11-12^m.

L. THERSITES Boisd., L. THERSITE. Semblable
à *L. Icarus*, dont il ne diffère que par l'absence des deux
points noirs situés sous les premières ailes, près de leur
base, et par une taille un peu plus petite.

L. AGESTIS Esp., L. AGESTIS. Dessus des ailes
brun dans les deux sexes, jamais saupoudré de bleu,
ayant au côté externe et au bord postérieur une série de
taches fauves, plus vive dans la femelle que dans le mâle.
Un trait noir, quelquefois peu apparent, sur le disque
des supérieures. Dessous des ailes non glacé de verdâtre
à la base, avec de nombreux points noirs ocellés, et des
taches aurore aux bords. 12-13^m. Bois, prés, luzernes,
etc. Mai-septembre.

+ + Frange de deux couleurs, blanche et noire.

L. HYLAS Fab., L. HYLAS. Dessus des ailes d'un bleu
violacé, avec une bordure noire, des points noirs sur
le bord externe et sur le bord postérieur des quatre ailes,
et une petite lunule noire sur le disque. Dessous d'un
gris cendré avec plusieurs points noirs ocellés. Les
inférieures ayant la base un peu bleuâtre, et au bord
postérieur une série de taches fauves entre deux rangs

de points noirs. — Femelle plus grande, d'un brun noirâtre, plus ou moins saupoudré de violâtre, et les points marginaux des inférieures cernés de blanchâtre, en dessus. 15-16ᵐ. Lieux herbeux, vallées, etc. Mai-août.

L. CORYDON Fab., L. CORYDON. Dessus des ailes d'un bleu brillant, pâle, soyeux, avec une bordure noire assez large au bord externe des supérieures, portant des points noirs, plus visibles aux inférieures où ils sont cerclés de blanc ou de fauve, en tout ou en partie. Dessous des premières ailes d'un gris clair, avec une série anté-marginale de points et d'arcs noirs, et de gros points de même couleur, ocellés, sur le disque. Dessous des secondes ailes un peu plus foncé, avec des lunules fauves au bord postérieur, des points noirs ocellés sur le disque, et la base un peu verdâtre. — Femelle ayant le dessus d'un brun noirâtre très-saupoudré de bleu (quelquefois presque aussi bleu que le mâle), les ailes supérieures ayant une bordure noire obscurément teintée de fauve au bord externe, *et une petite lunule noire sur le disque*, en-dessus : les inférieures avec des taches marginales au bord postérieur, fauves, pupillées de noir et surmontées d'arcs de cette dernière couleur. Dessous des quatre ailes plus foncé que dans le mâle, un peu café au lait. 16-17ᵐ. Pelouses et taillis secs. Août.

L. ADONIS Fab., L. ADONIS. Dessus des ailes d'un beau bleu de ciel, sans taches, finement bordé de noir. Dessous des supérieures d'un gris cendré, celui des inférieures plus foncé, avec la base plus ou moins glacée de verdâtre, toutes avec de nombreuses taches noires ocellées, et des taches aurore au bord postérieur des inférieures, moins sensibles au bord externe des supérieures. — Femelle avec le dessus d'un brun fauve, quelquefois saupoudré de bleu, et des lunules fauves marginales, plus apparentes aux inférieures où elles sont accompagnées d'un point noir appuyé sur un petit arc bleu. Disque des ailes supérieures ayant, en dessus, un petit trait noir. Dessous des ailes café au lait. 14-16^m. Lieux herbeux secs, prés, luzernes. Mai-juillet (on trouve quelquefois des femelles dont le bleu a éliminé le fauve presque en entier. *(L. Ceronus* Esp.)— Chenille pubescente, verte, ou d'un bleu clair, avec une ligne dorsale plus foncée, et comprise entre deux rangs de taches fauves, triangulaires. — Chrysalide d'un gris noirâtre ou verdâtre.

B. Dessous des ailes inférieures n'ayant ni taches ni bandes fauves.

L. ARION L., L. ARION. Dessus bleu, largement bordé de brun, avec des points noirs inégaux sur le disque des ailes supérieures, et de plus petits, quelquefois peu apparents, sur les ailes inférieures. Dessous des quatre ailes d'un gris brun avec de nombreux points noirs ocellés, et la base des inférieures verte. Frange blanche en dessus, entrecoupée de brun en dessous. 20-21^m. Lieux herbeux, clairières des bois. Juillet, août.

L. ARGIOLUS L., L. ARGIOLUS. Dessus d'un bleu violet pâle, avec une fine bordure noire, s'élargissant un peu à l'angle apical. Dessous des quatre ailes d'un bleu pâle, presque blanc, avec des points ou des traits noirs disséminés, souvent peu marqués et peu ou point ocellés. Base des ailes légèrement verdâtre. — Femelle avec une bordure noire, et un arc noir sur le disque des ailes supérieures. Les inférieures ont, au bord postérieur, en dessus, une série de points noirs un peu fondus dans la bordure. 15-16^m. Pelouses, buissons, etc. Mai-juillet, août. — Chenille pubescente, d'un vert jaunâtre, avec le dos d'un vert foncé. Tête et pattes noires. — Chrysalide lisse, verte à sa partie antérieure, d'un brun mélangé à sa partie postérieure, avec une ligne noire le long du dos.

L. CYLLARUS Fab., L. CYLLARE. Dessus d'un bleu violet, avec une bordure noire assez large, plus

large aux ailes supérieures qu'aux inférieures. Dessous
d'un gris cendré, avec la base des secondes ailes verdâtre
jusqu'à la ligne courbe de points noirs. Les points noirs
sont ocellés, et ceux des ailes supérieures bien plus gros
que ceux des inférieures. — Femelle d'un brun noir,
avec le disque plus ou moins saupoudré de bleu en dessus.
14-17m. Prés, bois. Mai-juillet. — Chenille pubescente,
d'un vert jaunâtre pâle, avec une ligne rougeâtre le long
du dos et des lignes transverses d'un vert brunâtre sur
chacun des côtés. Pattes écailleuses noires ; les membraneuses d'un vert brunâtre. — Chrysalide brunâtre.

L. SEMIARGUS Rott., L. ACIS. Dessus d'un bleu
violet, avec une bordure noire. Disque des premières
ailes portant un petit trait noir, quelquefois peu visible.
Dessous d'un gris un peu brun, avec la base, surtout aux
inférieures, légèrement d'un bleu verdâtre. Des points
noirs ocellés, à peu près de même grosseur, sur les
quatre ailes. — Femelle brune en dessus, plus foncée que
le mâle en dessous, avec la frange blanche à l'angle apical.
15-16m. Prés, clairières des bois. Mai, juin.

L. ALSUS Fab., L. ALSUS. Dessus des quatre
ailes d'un brun noir, saupoudré d'atômes bleus très-clair-
semés (mâle), ou sans atômes bleus (femelle). Dessous
des quatre ailes d'un gris perle, avec une lunule centrale
et une série courbe de petits points noirs ocellés, mais
point à la base des supérieures. Les inférieures légèrement teintées de verdâtre à la base, où se trouvent deux
petits points noirs bordés de blanc. 10m. Bois. Juin-Août.

G. 18. **POLYOMMATUS** Boid., **POLYOM-
MATE.** Antennes aussi longues que le corps,
terminées en massue courte. Palpes presque droits.
Tarses épais, d'une seule couleur. Bord postérieur
des secondes ailes prolongé, à l'angle anal, en
une dent, ou échancré près de cet angle. Des points

5

noirs sur les ailes supérieures. Une gouttière.
Cellule discoïdale ouverte. Six pattes ambulatoires.
Coloration d'un fauve plus ou moins doré, au
moins dans les mâles, jamais bleue. — Chenilles
en ovale allongé, assez convexes, vivant en général sur les oseilles sauvages. — Chrysalides
courtes, presque ovoïdes, pubescentes.

P. XANTHE Fab., P. XANTHÉ. Dessus des ailes
noirâtre ou brunâtre, avec des points noirs quelquefois
fondus dans le fond. Bord postérieur ayant des taches
fauves avec point noir. Dessous des quatre ailes jaunâtre,
avec de nombreux points noirs, ceux des supérieures un
peu plus gros, et des taches fauves antémarginales. —
Dessus des femelles d'un fauve brillant, avec des points
noirs très-apparents. 14-15^m. Prés, clairières des bois.
Mai, juillet, août.

P. PHLÆAS L., P. PIILÆAS. (Le Bronzé). Dessus
des ailes supérieures brun, avec le disque d'un fauve doré
semé de points noirs ; les inférieures d'un brun noir, avec
une bande marginale fauve, s'appuyant intérieurement
sur quatre ou cinq points noirs. Dessous des ailes supérieures d'un fauve jaunâtre clair, avec des points noirs
un peu ocellés. Dessous des inférieures d'un brun cendré,
avec de très-petits points noirs, et une ligne antémarginale rougeâtre, composée d'arcs, dont l'anal plus grand.
Mâle et femelle semblables. 14-15^m. Un peu partout.
Mai-octobre.

G. 19. **THECLA** Fab., **THÉCLA**. Antennes
longues, terminées par une massue souvent grêle
ou peu renflée. Palpes presque droits. Tête plus
étroite que le thorax. Yeux visiblement poilus.
Tarses courts *et toujours de deux couleurs*. Bord
postérieur des ailes inférieures ayant presque

toujours une petite queue, souvent accompagnée d'une dent. Une gouttière. Cellule discoïdale ouverte. Six pattes ambulatoires. Des lignes transverses sous les ailes qui sont brunes ou fauves en dessus, avec ou sans reflets violets. — Chenilles en forme d'écusson aplati, large en avant, rétréci en arrière, vivant généralement sur les arbres. — Chrysalides courtes, pubescentes, un peu rugueuses, convexes en dessus, plates en dessous.

T. RUBI L., T. DE LA RONCE. Dessus des ailes d'un brun un peu luisant. Le dessous est d'un beau vert satiné, avec une ligne transverse de linéoles blanches, souvent très-peu prononcées. Bord postérieur des secondes ailes un peu denté. 15ᵐ. Bois, Mars-mai. — Chenille pubescente d'un vert pré ou d'un vert jaunâtre, avec une rangée de taches triangulaires d'un jaune pâle sur chacun des côtés, et une ligne blanchâtre au-dessus des pattes. Vit sur la ronce et les genêts. — Chrysalide brune, avec les stigmates plus clairs.

T. BETULÆ L., T. DU BOULEAU. Dessus des ailes brun, la femelle ayant une large tache fauve sur le disque des supérieures. Angle anal taché de fauve. Dessous des ailes d'un fauve jaunâtre avec des lignes blanches, brillantes, transverses. Le plus grand du genre. 17-19ᵐ. Bois, haies. Août, septembre. Chenille verte avec plusieurs lignes jaunes longitudinales, et des raies transverses un peu moins foncées sur chacun des côtés. Vit sur le bouleau et les pruniers sauvages. — Chrysalide brune, lisse, avec des lignes plus claires.

T. W ALBUM, Hubn., T. W BLANC. Ailes brunes en dessus, avec un point grisâtre qui n'existe point dans la femelle. Dessous d'un fauve clair avec une raie blanche, fine, transverse; celle des premières ailes un peu arquée, celle des secondes formant, au-dessus de la queue, deux angles aigus, bordés, en dessus, d'un arc noir, et remontant ensuite le long du bord externe en forme de W. Angle anal ayant, en dessus et en dessous, un point fauve entouré de noir, avec du blanc au bord abdominal. Dessous des secondes ailes ayant, en outre, près du bord postérieur une série de taches fauves, lunulées, bordées de noir en dessus, les intérieures plus grandes et renfermant un point noir. Une ligne blanche termine l'aile. 14-15^m. Haies, lieux plantés d'ormes. Juin, juillet. — Chenille verte, avec trois taches d'un rouge foncé sur chacun des anneaux postérieurs du ventre, et un double rang de petits points le long du dos. La couleur est à la fin brune. Vit sur l'orme. — Chrysalide pubescente, d'un brun grisâtre, avec l'enveloppe des ailes plus foncée.

(Depuis l'impression de la page XII. *Th. W Blanc*, a été pris à La Mothe, à Sepvret et à Vançais.)

T. LYNCEUS Fab., T. LYNCÉE. (*Interrompu.*) Dessus des ailes d'un brun noir, la femelle ayant une tache fauve plus ou moins large sur le disque. Dessous d'un brun plus clair, avec une ligne transverse formée de traits blancs interrompus. Une série de trois taches fauves au bord postérieur, sous les inférieures. Un point fauve, à l'angle anal, sur les supérieures. 14-15^m. Bois, sur la fleur des ronces. Juin, juillet. — Chenille duveteuse, d'un vert pâle, avec trois lignes jaunes interrompues, dont une le long du dos, et une le long de chaque côté. Tête et pattes écailleuses noires. Elle devient à la fin rougeâtre. Elle vit sur les jeunes chênes en taillis qu'il faut secouer pour la faire tomber. — Chrysalide d'abord jaunâtre, puis brune, avec trois rangs de points obscurs sur le derrière du corps.

T. ACACIÆ Fabr., T. DE L'ACACIA. Dessus des ailes d'un brun noirâtre, avec deux ou quatre taches fauves à l'angle anal. Dessous d'un brun plus clair, avec une ligne flexueuse, interrompue, blanche. Les inférieures ont, en dessous, une série de taches fauves surmontées d'arcs noirs, dont celui du milieu appuyé sur un point également noir. — Femelle ayant quatre taches fauves à l'angle anal, en dessus, dont une moins apparente, et un bourrelet de poils noirs à l'extrémité de l'abdomen. 14-15ᵐ. Juin.

T. QUERCUS L., T. DU CHÊNE. Dessus des ailes d'un brun noir glacé de violet chatoyant, la femelle ayant sur le disque des supérieures une longue tache bleue, fourchue. Dessous d'un gris satiné, avec une ligne blanche ondulée. Deux taches fauves à l'angle anal, dont la plus éloignée arrondie, et l'autre, située plus près de l'angle, remonte un peu le long du bord abdominal. 14-15ᵐ. Bois, lieux plantés de chênes. Vole très-haut: descend rarement. Juin, juillet. — Chenille pubescente, d'un gris brunâtre, avec une rangée de points le long du dos, et les incisions jaunâtres. Tête petite, arrondie, brune. Vit sur le chêne. — Chrysalide brune, avec des taches plus claires.

§ 3. Quatre pattes ambulatoires dans le mâle, six dans la femelle.

F. VI. Erycinides.

Antennes aussi longues que le corps, non compris la tête, terminées par un bouton aplati, presque triangulaire. Palpes droits, ne dépassant pas la tête. Yeux oblongs, bordés de blanc. Thorax plus large que la tête; abdomen assez long; gouttière peu prononcée. Angle apical un peu aigu.— Chenilles ovales, hérissées de poils fins; tête très-petite et globuleuse. Pattes très-courtes. — Chrysalide arrondie, hérissée de poils fins, ressemblant beaucoup, pour la forme, à celle des *Lycénides*. (Succintes.)

G. 20. **NEMEOBIUS** Boisd., **NÉMÉOBIE.**
Caractères de la famille.

N. LUCINA L., N. LUCINE. Ailes très-faiblement
dentées, d'un brun obscur, avec des taches fauves en
damier, en dessus. Bord externe et postérieur, offrant,
en dessus et en dessous, une série de points noirs.
Dessous des inférieures ayant deux bandes transverses
de taches blanchâtres, oblongues. 15-16^m. Bois. Mai,
août. — Chenille elliptique, un peu aplatie, d'un brun
roux, couverte de faisceaux de poils de même couleur,
avec une ligne dorsale plus foncée, surchargée de points
noirs, dont un sur chaque anneau. Tête d'un brun rougeâtre. Pattes très-courtes, à peine visibles. Vit sur les
primevères. — Chrysalide jaunâtre, hérissée de longs
poils noirâtres, et marquée de nombreux points noirs
rangés en cercle, avec l'enveloppe des ailes bordée de
noir.

B. HESPÉRIENS.

ANTENNES TRÈS-ÉCARTÉES A LEUR POINT D'INSERTION.

F. VII. Hespérides.

Antennes à massue souvent arquée, ayant
quelquefois un petit crochet au bout, avec une
petite aigrette de poils à leur base; thorax robuste.
Tête aussi large que le thorax. Abdomen long,
souvent très-gros. Ailes généralement courtes
et robustes, imparfaitement perpendiculaires au
plan de repos; les inférieures à cellule discoïdale
ouverte, et un peu plissées longitudinalement au
côté abdominal. — Chenilles cylindriques, glabres
ou pubescentes, à tête globuleuse, un peu fendue

et à premier anneau plus ou moins étranglé. Quelques-unes se retirent dans l'intérieur des tiges pour y passer l'hiver.— Chrysalides variables, mais toujours enveloppées de débris de feuilles. (Enroulées).

G. 21. **THANAOS** Boisd., **THANAOS.** Palpes écartés, très-velus. Massue fusiforme, courbée en dehors. Tête aussi large que le thorax. Abdomen gros, ne dépassant pas l'angle anal. Ailes non dentées. Frange d'une seule couleur. — Chenilles lisses, renflées au milieu, à tête fortement échancrée et à cou très-mince. — Chrysalides presque fusiformes, avec un tubercule sur la tête, et l'abdomen en cône allongé.

T. TAGES God.. T. GRISETTE. Dessus des ailes d'un brun presque noirâtre, avec une série de petits points blancs, au bord postérieur, sur les deux faces. Dessous des quatre ailes plus clair, parsemé de petits points blanchâtres, souvent peu apparents. Corps noirâtre en dessus, plus clair en dessous. Antennes noires, annelées de gris. 12-13^m. Prés, bois herbeux, bords des chemins. Avril, juin, août — Chenille d'un vert clair, avec une ligne jaune, ponctuée de noir, le long du dos, et des lignes semblables sur les côtés. Tête brune. Vit sur le *Panicaut* (chardon Rolland). — Chrysalide ayant l'enveloppe des ailes d'un brun foncé, et la partie postérieure du corps rougeâtre.

G. 22. **SPILOTHYRUS** Hubn., **SPILOTHYRE.** Massue non courbée. Palpes écartés, très-velus. Tête un peu moins large que le thorax. Abdomen épais, dépassant l'angle anal. Ailes inférieures profondément dentées. — Chenilles courtes, très-cylindriques, rugueuses, pubescentes, à tête grosse, échancrée ou fendue, et le premier anneau très-rétréci. — Chrysalides plus ou moins arrondies antérieurement, en cône allongé postérieurement, recouvertes d'une poussière blanchâtre dans leur coque.

S. MALVŒ Fab., S. DE LA MAUVE. Dessus des ailes brun, avec une teinte un peu rougeâtre. Dessous des ailes plus clair que le dessus. Les supérieures avec deux bandes brunes, et plusieurs petites taches blanches, vitrées, translucides, dont trois en ligne droite près de l'angle apical. Les inférieures à frange bicolore, tachées de brun en-dessus, avec de nombreuses taches blanchâtres en dessous. 13-14ᵐ. Bois, pelouses. Mai, juillet, août. — Chenille pubescente, d'un gris cendré, avec la tête noire, et quatre points jaunes sur le premier anneau. Vit sur la mauve sauvage. Chrysalide d'un cendré bleuâtre.

G. 23. **STEROPES** Boisd., **STÉROPE**. Antennes à massue ovoïde, sans crochet. Palpes très-velus, écartés. Tête aussi large que le corselet. Abdomen grêle, dépassant les ailes inférieures. Frange bicolore, surtout en dessous. — Chenilles assez allongées, pubescentes, rayées en long, avec la tête rugueuse et sémisphérique. — Chrysalides très-effilées, avec la portion abdominale conico-cylindrique ; yeux saillants ; tête surmontée d'une pointe conique.

S. ARACYNTHUS Fab., S. MIROIR. Dessus des ailes d'un brun noirâtre chatoyant, souvent taché de jaune à l'angle apical. Dessous des supérieures avec des taches jaunes à l'angle apical et à la côte, et une bordure jaune le long du côté externe. Dessous des inférieures jaune, avec 12-13 taches ovales d'un blanc jaunâtre et cerclées de brun. Le dessus des secondes ailes a parfois quelques taches jaunes. Antennes noires annelées de blanc, avec une partie de la massue fauve. — La femelle diffère du mâle par un point jaune, placé vers le milieu du bord antérieur des premières ailes. Vol sautillant et par petits bonds. 16-17^m. Bois frais. Juin, juillet.

G. 24. **SYRICHTUS** Boisd., **SYRICHTE**. Massue des antennes ovoïde, un peu courbée en dehors. Palpes écartés, très-velus. Thorax très-robuste, un peu plus large que la tête. Abdomen épais, un peu plus long que les ailes inférieures ; celles-ci non dentées, munies de points translucides. Frange blanche et noire. — Chenilles glabres ou légèrement pubescentes à tête globuleuse, un peu fendue. — Chrysalides coniques.

S. SAO Hubn., S. SAO. Dessus des ailes d'un brun noir à reflets rougeâtres. Ailes munies en dessus de nombreuses taches blanches, translucides, les inférieures ayant, au centre, un trait blanc, transverse, sous lequel est un point blanc, imitant un i renversé (ı). Dessous des ailes supérieures d'un rouge brun, avec beaucoup de points blanchâtres ; dessous des inférieures rouge-brique, avec de nombreuses taches blanches. Filet des antennes blanc en dessous : extrémité de la massue très-noire en dessous. 11-12^m. Bois, pelouses sèches. Mai, juin.

S. ALVEUS Hubn., S. DAMIER. Dessus des ailes brun. Ailes supérieures munies en dessus de nombreuses taches blanches, translucides ; les inférieures de taches ternes, plus claires que le fond. Dessous des ailes très-fortement taché de blanc, sur un fond d'un brun verdâtre, plus foncé sous les supérieures. Dessous des inférieures quelquefois rougeâtre (*S. Cirsii*). Massue en grande

partie d'un fauve brun en dessous, à extrémité fauve.
13-14ᵐ. Bois, pelouses, etc. Mai, juin.

S. ALVEOLUS Hubn., S. DU CHARDON. Très-
petit. Les quatre ailes brunes en dessus, avec de nombreux points blancs, translucides. Brunâtres en-dessous,
avec de nombreux points blancs. Massue brune à extrémité fauve. 11-12ᵐ. Bois, pelouses. Mai-août.

G. 25. **HESPERIA** Boisd., **HESPÉRIE.**
Massue droite ou terminée par un crochet aigu,
courbé en dehors. Palpes très-velus. Tête plus
large que le thorax ; celui-ci robuste. Yeux saillants. Abdomen épais, plus long que les ailes
inférieures. Ailes supérieures marquées, le plus
souvent, dans le mâle, d'un trait noir, oblique,
saillant. Vol saccadé, rapide et court. Ailes fauves. — Chenilles allongées, glabres, rayées longitudinalement, avec le cou très-mince, et la tête
globuleuse, un peu échancrée. — Chrysalides effilées, conico-cylindriques, terminées, antérieurement, par une pointe courte, et ayant une gaine
libre, prolongée en filet, pour loger la spiritrompe.

A   Massue des antennes terminées en crochet.

H. SYLVANUS God., H. SYLVAIN. Ailes d'un
beau fauve, avec une large bordure d'un brun obscur,
et une ligne noire, oblique, épaissie au milieu, sur le
disque des supérieures. Dessous des inférieures d'un
jaune verdâtre, avec des taches plus claires que le fond.
— Femelle un peu plus grande, plus tachée de brun sur
les ailes, avec les taches de dessous mieux marquées,
mais dépourvue de trait noir, oblique, sur les ailes supérieures. 15-16ᵐ. Bois. Mai-Juillet.

H. COMMA. God., H. COMMA. Dessus des ailes
d'un jaune fauve, avec une bordure brune : les supérieures

munies, chez le mâle, d'un trait oblique, épais, noir, divisé longitudinalement par une ligne enfoncée, plombée Dessous des inférieures verdâtre, avec neuf taches blanches, dont trois groupées vers la base, et les six autres formant une ligne courbe, transverse. — Femelle plus brune en dessus, avec les taches du dessous mieux dessinées, mais dépourvue de ligne noire oblique sur les supérieures. Taches des inférieures blanches, bordées de noir. Frange bordée et un peu entrecoupée de noir, en dessous, dans les deux sexes. 13-16^m. Pelouses et bois secs. Août. — Chenille d'un vert sale, mêlé de ferrugineux, avec une rangée de points noirs sur le dos et sur les côtés; elle a un collier blanc bordé de noir. Tête noire. Vit sur la *coronille bigarrée*.

B. Massue non terminée en crochet.

H. ACTEON Esp., II. ACTÉON. Dessus des ailes d'un fauve brun, avec quelques taches un peu plus claires, surtout chez la femelle, souvent peu visibles, les mâles ayant une petite ligne noire, oblique, sur le disque des supérieures. Dessous d'une teinte plus claire, sans tache. 10-12^m. Bois. Juin-août.

H. LINEA God., II. BANDE NOIRE. Dessus des ailes d'un fauve clair, avec une étroite bordure noire; les supérieures ayant sur le disque un trait noir, oblique, non épaissi au milieu, chez le mâle. *Massue des antennes rousse en dessous.* Dessous des ailes fauve, sans tache au milieu du disque. 13^m. Bois. Juillet. septembre. — Chenille d'un vert foncé, avec une ligne obscure le long du dos, et deux lignes latérales bleuâtres, dont les bords sont noirs. Vit sur les graminées. — Chrysalide d'un vert jaunâtre.

H. LINEOLA Ochs., II. PETITE BANDE NOIRE. Ailes d'un fauve clair en dessus, entourées d'une bordure noire; le mâle ayant un trait noir, oblique, quelquefois peu visible, toujours nul dans la femelle. Dessous des ailes fauve, sans tache au milieu du disque. *Massue des antennes d'un noir intense à l'extrémité, en dessous.* 13^m. Juin, juillet. Bois. Nous avons trouvé cette espèce en abondance dans les chemins mouillés l'hiver, et autour des mares bien exposées au soleil.

———————

NOTA. Notre intention première était de ne décrire que les Rhopalocères du département ; mais, à la demande de quelques personnes, nous nous sommes décidé, à la dernière heure, à faire suivre notre travail de la description des espèces de la famille des Sphingides.

HÉTÉROCÈRES

ou

PAPILLONS DONT LES ANTENNES NE SONT PAS TERMINÉES EN BOUTON OU EN MASSUE.

F. VIII. Sphingides.

Antennes prismatiques, presque toujours ter-minées par un petit crochet. Palpes très-couverts de poils. Thorax très-robuste. Abdomen aussi large que le thorax, plus ou moins allongé, le plus souvent cylindrico-conique, quelquefois aplati en dessous et terminé, dans ce cas, par un fais-ceau de poils disposés en brosse ou en queue d'oiseau. Ailes très-fortes, en toit incliné dans le repos ; les supérieures longues et étroites ; les inférieures plus courtes. Vol le plus souvent rapide et soutenu.

ANALYSE DES GENRES.

1. Abdomen terminé en brosse ou en queue d'oiseau
   Macroglossa. G. 1.
   Abdomen cylindrico-conique. 2
2. Une trompe très-développée. Vol rapide. . . . 3
   Trompe nulle, rudimentaire ou très-courte. Vol
   lourd après le coucher du soleil. 4
3. Angle apical et angle anal aigus ; le premier légèrement falqué. Palpes séparés à leur extrémité.
   Deilephila. G. 2.
   Angle anal et angle apical arrondis. Palpes contigus à leur extrémité. *Sphinx*. G. 3.
4. Corselet ovoïde représentant grossièrement, en dessus, une tête de mort. Antennes droites et courtes.
   Ailes non dentées. *Acherontia*. G. 4.
   Corselet presque globuleux. Antennes un peu
   flexueuses. Ailes plus ou moins dentées ou
   flexueuses. *Smerinthus*. G. 5.

G. 1. **MACROGLOSSA** Och., **MACRO-GLOSSE**. Antennes droites, très-minces à leur base, presque en massue. Palpes contigus à leur extrémité, terminés en pointe obtuse. Thorax ovale, peu bombé, très-velu. Ailes courtes, entières, tantôt opaques et tantôt transparentes. Vol très-rapide et soutenu pendant le jour.

A. Ailes opaques.

M. STELLATARUM L., M. DU CAILLE-LAIT (*Moro-Sphinx*). Premières ailes d'un brun cendré, avec des bandes transverses ondées, nébuleuses, en dessus. Ailes inférieures couleur de rouille. Côtés de l'abdomen tachés de blanc Les quatre ailes jaunâtres en dessous à leur base, ferrugineuses au milieu, d'un brun obscur à leur extrémité. 20-25ᵐ. Champs, jardins. Du printemps à l'automne.

B. Ailes transparentes.

M. FUCIFORMIS L. M. FUCIFORME. Cellule discoïdale des premières ailes divisée longitudinalement par une nervure fine. Une tache d'un ferrugineux pourpré près du milieu de la côte. Corps d'un vert olive en dessus, avec les derniers anneaux un peu plus clairs ; le milieu de l'abdomen ayant une large bande transverse d'un rouge foncé tant en dessus qu'en dessous. Dessous du corps jaunâtre pâle. Dessous de la brosse ferrugineux. 18-20ᵐ. Sur le chèvrefeuille et sur la sauge des prés. Mai. Juin.

M. BOMBYLIFORMIS Och., M. BOMBYLIFORME. Cellule discoïdale des premières ailes non divisée par une nervure ; côte des mêmes ailes sans tache. Dessus du corps d'un vert jaunâtre, avec diverses nuances ; brosse noire en dessous. 18-20ᵐ. Bois. Mai, Juin.

G. 2. **DEILEPHILA** Och. **DEILÉPHILE.**
Antennes droites ou presque droites, de la longueur de la tête et du thorax réunis, striées transversalement en manière de rape, du côté interne, dans les mâles, unies dans les femelles. Ailes supérieures très-entières, lancéolées. Angle anal et angle apical aigus. Palpes séparés à leur extrémité. Thorax large et bombé. Abdomen plus ou moins long, rayé tantôt transversalement, tantôt longitudinalement. Vol rapide après le coucher du soleil.

D. EUPHORBIÆ L., D. DE L'EUPHORBE. Corselet d'un vert olive foncé, bordé de blanc sur les côtés, avec deux lignes roses au milieu. Abdomen de même couleur en dessus, avec des bandes blanches, courtes sur les côtés. Ailes supérieures d'un gris rougeâtre, avec trois taches vertes le long du bord extérieur, et une large bande de même couleur au bord postérieur ; les inférieures rouges avec la base noire, une bande transversale de même couleur et une tache blanche. Dessous des ailes et du corps rouge, sans taches. 25-30ᵐ. Juin. Septembre.

D. GALII Fab., D. DE LA GARANCE. Dessus des premières ailes d'un vert olive foncé, avec le bord postérieur cendré, et une bande jaunâtre bidentée en avant. Secondes ailes rouges en dessus, avec deux bandes noires, l'une à la base, l'autre parallèle au bord terminal. Une tache blanche au bord interne. Dessous des quatre ailes nuancé de verdâtre et de gris cendré, avec une tache noirâtre sur le milieu des premières et une autre à l'angle anal. Une série de points blancs sur le dos; dessous du corps d'un rose pâle. 30-35ᵐ. Juin.

D. LINEATA Fab., D. LIVOURNIEN. Tête verdâtre, avec une raie blanche de chaque côté. Thorax noirâtre, avec trois raies doubles, blanches. Abdomen cendré, tacheté de noir et de blanc, avec une bande blanche au milieu, coupée par six nervures blanches ; bord postérieur cendré. Secondes ailes d'un rouge fleur de pêcher au milieu, avec deux bandes noires, l'une à la base, l'autre près du bord postérieur. Ailes supérieures verdâtres en dessus. 30-35ᵐ. Mai. Août.

D. CELERIO L., D. PHÉNIX. Dessus des premières ailes d'un brun olivâtre clair, avec deux bandes formées par la réunion de trois lignes blanchâtres ; un point noir central. Dessus des secondes ailes d'un rouge carmin dans le tiers antérieur ; le reste de la surface d'un gris rosé, avec deux bandes noires obliques. Les quatre ailes sont d'un brun grisâtre en dessous, avec le milieu jaunâtre, coupé par des lignes obscures. Dessus du corps d'un brun clair, avec une double série de taches blanches sur les côtés. Thorax ayant deux lignes longitudinales très-blanches et deux autres d'un ocre pâle. 35-38ᵐ. Mai. Septembre. (Cette espèce, à notre connaissance, n'a été prise qu'une seule fois dans le département, à Niort).

D. ELPENOR L., D. DE LA VIGNE. Dessus des premières ailes d'un rouge pourpre, avec trois bandes vertes. Dessus des secondes ailes d'un rose foncé, avec la base noire et le bord terminal liseré de blanc. Les quatre ailes jaunes en dessous, avec le bord supérieur et le milieu d'un jaune olivâtre. Corps rose avec deux bandes longitudinales vertes sur le dos ; cinq lignes vertes aussi sur le corselet. 25-30ᵐ. Juin. Septembre.

D. PORCELLUS L., D. PETIT POURCEAU. Un peu plus petit que l'espèce précédente. Dessus des premières ailes d'un rose foncé, avec deux bandes transverses olivâtres et une jaunâtre. Dessus des secondes ailes noirâtre au bord supérieur, jaunâtre au milieu, rose à l'extrémité. Les quatre ailes roses en dessous, avec le milieu jaunâtre ; base des supérieures teinté de noirâtre. Corps d'un rose foncé, avec la tête, le milieu du corselet et le dos, lavés de verdâtre. 20-25ᵐ.

G. 3. **SPHINX** L. **SPHINX.** Antennes légèrement flexueuses ; de la longueur de la tête et du thorax réunis, striées transversalement en manière de rape, du côté interne, dans les mâles, unies dans les femelles. Palpes contigus à leur extrémité. Ailes supérieures entières, lancéolées ; angle anal arrondi. Corselet large, bombé. Abdomen long, portant des bandes transversales. Vol rapide et anguleux après le coucher du soleil.

A. Frange concolore.

S. LIGUSTRI L., S. DU TROENE. Ailes supérieures d'un gris rougeâtre et comme veinées de noir en dessus, avec le milieu d'un brun obscur. Bord interne muni de poils roses; bord postérieur longé par deux lignes blanchâtres, flexueuses. Ailes inférieures rosées en dessus, avec trois bandes noires dont l'une courte et transverse. Dessous des quatre ailes d'un gris rougeâtre, avec une bande noire. Thorax d'un brun noir, avec le milieu grisâtre, et les côtés d'un blanc rosé. Abdomen annelé de blanc et de rose en dessus; anneaux coupés longitudinalement par une bande brunâtre divisée par une ligne noire. 45-50^m. Juin. Septembre.

A. Frange bicolore.

S. CONVOLVULI L., S. DU LISERON. Dessus des premières ailes d'un gris cendré, avec deux petites veines noires sur le milieu. Dessus des secondes ailes grisâtre, avec trois bandes noirâtres. Abdomen annelé de noir et de rouge en dessus; anneaux coupés longitudinalement par une bande grisâtre. 45^m environ. Juin. Septembre.

S. PINASTRI L., S. DU PIN. Dessus des premières ailes d'un gris blanchâtre, avec trois petites lignes noires sur le disque. Secondes ailes d'un brun cendré en dessus et sans taches. Thorax gris, avec deux bandes noirâtres. Abdomen annelé de blanchâtre et de noirâtre en dessus; anneaux coupés longitudinalement par une bande grise, divisée par une ligne noire 35^m. Juin.

G. 4. **ACHERONTIA** Och., **ACHE-RONTIE**. Antennes très-courtes, droites, peu renflées au milieu, à crochet terminal très-prononcé. Tête large. Palpes séparés à leur extrémité. Trompe épaisse, très-courte. Thorax ovale, peu convexe. Ailes supérieures entières et lancéolées; angle anal arrondi. Vol très-lourd après le coucher du soleil.

A. ATROPOS L., A. TÊTE DE MORT. Dessus des premières ailes d'un brun noir, saupoudré de bleuâtre, avec des lignes blanchâtres, transverses, ondulées. Dessus des secondes ailes d'un jaune foncé, avec deux bandes noires. Les quatre ailes jaunes en dessous, avec des bandes noires et brunes. Abdomen d'un jaune foncé avec des anneaux noirs. Thorax d'un brun noir avec une grande tache jaunâtre figurant une tête de mort. Environ 50^m. Mai. Septembre. La chenille vit communément sur les tiges de la pomme de terre.

Cette espèce de papillon a ceci de remarquable qu'elle fait entendre comme un cri plaintif lorsqu'on la prend ou qu'on la tourmente. On en a donné plusieurs explications, et l'on ne sait encore quelle est la bonne. Ce qu'il y a de certain c'est que cet insecte, à l'état parfait, est très-friand de miel et qu'il s'introduit dans les ruches pour s'en rassasier. Les coups d'aiguillons des abeilles ne peuvent rien sur l'épaisse couche de poils qui garnissent et protègent son corps.

G. 5. SMERINTHUS Och., **SMERINTHE.** Antennes flexueuses, peu renflées au milieu, fortement dentées en scie du côté interne, surtout dans les mâles. Trompe presque nulle ou rudimentaire. Tête enfoncée dans le thorax qui est presque globuleux. Ailes plus ou moins dentées ou flexueuses; les supérieures falquées. Vol lourd après le coucher du soleil.

S. OCELLATA L., S. DEMI-PAON. Le dessus des ailes supérieures varie du gris rougeâtre au gris violâtre ou au gris noisette, avec des ondes plus obscures; dessus des secondes ailes d'un rouge carmin plus ou

moins vif, avec le milieu muni d'un **grand** œil à **prunelle**
et à iris noirs. 40ᵐ. Mai. Août.

S. TILIÆ L., S. TILLEUL. Dessus des premières
ailes d'un fauve blond, avec deux taches d'un vert olive
foncé et une autre d'un blanc sale. Dessus des secondes
ailes d'un fauve terreux, avec une bande brune qui prend
une teinte verdâtre à l'angle anal; dessous de ces mêmes
ailes verdâtre, avec le milieu traversé par une bande
plus claire. Corps verdâtre; thorax rayé de trois lignes
longitudinales d'un vert olive. Cette espèce offre plusieurs
variétés, quant à la couleur du fond des ailes. 35-38ᵐ.
Mai. Juin; ordinairement sur les ormeaux.

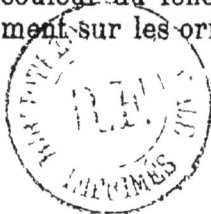

ERRATA.

EPOQUES APPROXIMATIVES [1]

DE L'APPARITION DES RHOPALOCÈRES ET DES SPHINGIDES.

MARS.

Satyrus Ægeria.
Grapta C album.
Vanessa urticæ.
      polychloros.
Pyrameis Atalanta,
Pieris napi.
   - rapæ.
Anthocharis Belia.
Rhodocera rhamni.

AVRIL.

Satyrus Ægeria.
     Megæra.
Grapta C album.
Pyrameis Atalanta.
Vanessa Io.
     Antiopa.
     urticæ.
     polychloros.
Pieris napi.
    brassicæ.
    rapæ.
Anthocharis cardamines.
    Belia.
Leucophasia sinapis.
Rhodocera rhamni.
Lycæna Argiolus.

Thecla rubi.
Thanaos Tages.

MAI.

Satyrus Pamphilus.
    OEdipus.
    Megæra.
    Mæra.
    Ægeria.
Grapta C album.
Pyrameis Atalanta.
Vanessa Io.
    urticæ.
    polychloros.
Argynnis Lathonia.
    Dia.
    Euphrosine:
    Selene.
Melitæa Cinxia.
    Artemis,
    Phœbe.
    Athalia.
    Parthenie.
Limentis Camilla.
Papilio Podalyrius.
Pieris napi.
    Daplidice.
    brassicæ.
    rapæ.

[1] Ces époques sont avancées ou reculées selon la température, le beau ou le mauvais temps. On en voit même en février.

Anthocharis cardamines.
   Ausonia.
Leucophasia sinapis.
Rhodocera rhamni.
Colias Hyale.
   Edusa.
Lycæna Alexis.
   Thersites.
   Agestis.
   Hylas.
   Adonis.
   Argiolus.
   Acis.
   Cyllarus.
Polyommatus Phlæas.
Thecla rubi.
Nemeobius Lucina.
Thanaos Tages.
Spilothyrus malvarum.
Syrichtus Alveus.
   Sao.
Hesperia sylvanus.

JUIN.

Arge Galathea.
Satyrus Arcanius.
   OEdipus.
   Pamphilus.
   Hyperanthus.
   Dejanira.
   Megæra.
   Mæra.
   Ægeria.
   Janira.
Grapta C album.
Pyrameis Atalanta.
   cardui.

Vanessa Io.
   Antiopa.
   urticæ
   polychloros.
Argynnis Pandora.
   Paphia.
   Aglaia.
   Adippe.
   Cleodoxa.
   Lathonia.
   Dia.
   Euphrosine.
Melitæa Cinxia.
   Artemis.
   Phœbe.
   Didyma.
Limenitis Camilla.
   Sybilla.
Apatura Ilia.
Papilio Padalyrius.
   Machaon.
Pieris Dapidlice.
   brassicæ.
   rapæ.
Leucophasia sinapis.
Rhodocera rhamni.
Colias Hyale.
   Edusa.
Lycæna Bœtica.
   Amyntas.
   Alexis.
   Thersites.
   Argus.
   Ægon.
   Agestis
   Hylas.
   Adonis.

Lycæna Arion.
  Argiolus.
  Alsus.
  Acis.
  Cyllarus.
Polyommatus Phtæas
  Xanthe.
Thecla W album.
  Quercus.
  ilicis.
Spilothyrus malvarum.
Steropes Aracinthus.
Syrichtus alveolus.
Hesperia sylvanus.
  Acteon.
  linea.
  lineola.

AOUT

Satyrus Pamphilus.
  Hermione
  Circe.
  Briseis.
  Megæra.
  Mæra.
  Ægeria.
  Fauna.
  Phædra.
  Semele.
  Arethusa.
  Tithonius.
  Janira.
Grapta C album.
Pyrameis Atalanta.
  cardui,
Vanessa Io.
  Morio.

Vanessa urticæ.
  polychloros.
Argynnis Lathonia.
  Dia.
Melitæa Didyma.
  Cinxia.
  Athalia.
  Parthenie.
Limenitis Sybilla.
  Camilla.
Papilio Podalyrius.
  Machaon.
Pieris brassicæ.
  rapæ.
Leucophasia sinapis.
Rhodocora rhamni.
Colias Hyale.
  Edusa.
Lycæna Bætica.
  Amyntas.
  Alexis.
  Thersites.
  Argus.
  Ægon.
  Agestis.
  Hylas.
  Adonis.
  Corydon.
  Argiolus.
  Alsus.
  Arion.
Polyommatus Phlæas.
  Xanthe.
Thecla betulæ.
Nemeobius Lucina.
Spilothyrus malvarum.
Siryctus alveolus.

Hesperia Comma.
      linea.
      lineola.

SEPTEMBRE

Satyrus Pamphilus.
      Megæra.
      Mæra.
      Ægeria.
Grapta C album.
Pyrameis Atalanta,
      cardui.
Vanessa Io
      urticæ.

Melitæa Didyma.
Papilio Podalyrius,
Pieris rapæ.
Rhodocera rhamni.
Colias Hyale.
      Edusa.
Lycæna Alexis.
      Thersites.
      Agestis.
Polyommatus Phlæas.
Thecla betulæ.

Et quelques-uns en octobre lorsqu'il fait beau.

TABLE

DES TRIBUS, DES FAMILLES & DES GENRES.

Acherontia 63
Anthocharis 37
Apatura 31
Arge 5
Argynnis 21

Colias 39

Deilephila 60

Erycinides 51

Grapta 16

Hesperia 56
Hespérides 53
Hespériens 52
Hétérocères 58

Leuconæa 34
Leucophasia 38
Limenitis 29
Lycæna 41
Lycénides 40

Macroglossa 59
Melitæa 26

Nemeobius 52
Nymphalides . . . 16

Papilio 33
Papilionides 32
Piérides 34
Piéris 35
Polyommatus 47
Pyrameis 18
Rhodocera 39

Satyrides 5
Satyrus 6
Smerinthus 64
Sphingides 58
Sphinx 62
Spilothyrus 53
Steropes 54
Syrichtus 55

Thanaos 53
Thecla 48
Vanessa 19

Melle. — Imprimerie de Ed. Lacuve.

1/2

www.ingramcontent.com/pod-product-compliance
Lightning Source LLC
Chambersburg PA
CBHW060627200326
41521CB00007B/920